CATÉCHISME
D'AGRICULTURE

PAR

F. BAUDRY & A. JOURDIER

SIXIÈME ÉDITION

OUVRAGE AVEC 89 FIGURES

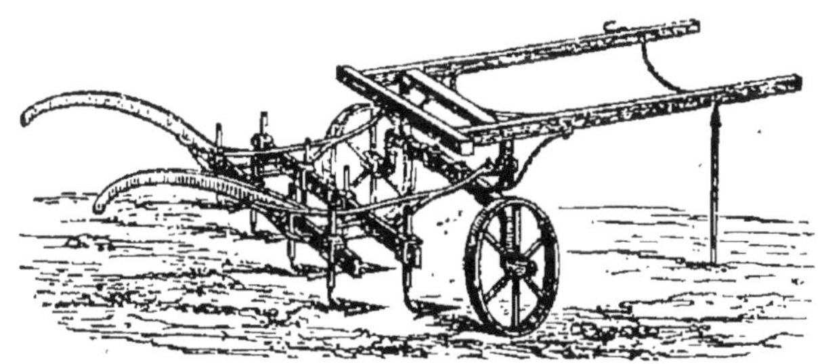

PARIS

G. MASSON, ÉDITEUR

LIBRAIRE DE L'ACADÉMIE DE MÉDECINE

BOULEVARD SAINT-GERMAIN, EN FACE DE L'ÉCOLE DE MÉDECINE

M DCCC LXXVIII

CATÉCHISME

D'AGRICULTURE

CATÉCHISME
D'AGRICULTURE

PAR

F. BAUDRY & A. JOURDIER

SIXIÈME ÉDITION

OUVRAGE AVEC 89 FIGURES

PARIS

G. MASSON, EDITEUR

LIBRAIRE DE L'ACADÉMIE DE MÉDECINE

BOULEVARD SAINT-GERMAIN, EN FACE DE L'ÉCOLE DE MÉDECINE

M DCCC LXXVIII

[illegible]

PRÉFACE

Le succès que notre première édition a obtenu auprès du public des campagnes nous a grandement encouragés à perfectionner notre travail, et nous pouvons dire sans mensonge, en présentant celle-ci, qu'elle est « entièrement revue et corrigée. »

Il serait bien superflu de déclarer ici que notre intention n'a pas été d'écrire, même en petit, un cours d'Agriculture. Un simple catéchisme ne saurait entrer dans les développements indispensables pour enseigner un art si compliqué. Mais nous avons pensé qu'avant de se jeter dans les détails de cette longue étude, il était bon d'en embrasser l'ensemble par un coup d'œil préliminaire. C'est ce coup d'œil que nous avons tâché de présenter sous la forme la plus simple et la plus élémentaire possible.

Nous avons songé aussi, en écrivant, à ceux qui ne feront mais de grandes études agronomiques, aux agriculteurs pratiques, aux jeunes gens des campagnes, aux adultes qui suivent encore, le soir, les leçons complémentaires de l'école primaire ; et aussi aux cultivateurs et aux fermiers qui lisent volontiers l'almanach au coin de leur feu, à la veillée.

Qu'avons-nous voulu leur apprendre ? Ce que c'est qu'un champ, qu'un labour, qu'un blé, qu'un trèfle ? — Ils le savent mieux que par les livres : ils le savent par leurs yeux. Ce que nous avons cherché, c'est à féconder leur pratique par quelques aperçus de la théorie la plus élémentaire. Nous avons essayé, en épelant avec eux quelques explications rationnelles, d'ouvrir leur esprit et de les amener à réfléchir sur ce qu'ils voient et ce qu'ils font. Tel a été notre but : éveiller, en leur suggérant quelques idées, leur faculté de raisonner sur les travaux auxquels ils se livrent ; seul et unique moyen de sortir de l'ornière dans laquelle la routine retient encore l'agriculture française.

Nous espérons aussi qu'entre les mains des instituteurs ruraux notre petit livre pourra servir de texte aux conférences agricoles que demandent partout les cultivateurs avides de s'instruire.

Afin de mieux marquer que nous n'avons pas eu l'intention d'écrire un livre avec lequel on puisse se passer de plus amples connaissances ; afin aussi d'indiquer à nos lecteurs les meilleures sources d'information et de reconnaître nous-mêmes ce que doit notre opuscule à des auteurs éminents, nous avons accompagné chaque sujet traité d'un renvoi aux deux ouvrages suivants :

Traité élémentaire d'Agriculture, par MM. Girardin et Dubreuil. 2ᵉ édition, Paris, V. Masson et fils, et Garnier frères, 1863, 2 vol. grand in-18.

Le Livre de la Ferme et des Maisons de campagne, par une réunion d'agronomes, de savants et de praticiens, sous la direction de M. P. Joigneaux. 2ᵉ édition, 2 vol. grand in-8 jésus, Paris, V. Masson et fils, et Ch. Delagrave.

Nous nous trouverons fort satisfaits, si l'on veut bien considérer notre catéchisme comme une introduction à l'étude approfondie de ces deux excellents ouvrages.

CATÉCHISME D'AGRICULTURE

CHAPITRE PREMIER

PRÉLIMINAIRES.

1. Qu'est-ce que l'agriculture ?

L'agriculture est l'art de cultiver la terre ; elle comprend les travaux qui ont pour but le défrichement, l'assainissement, la préparation, l'ensemencement et l'entretien des terres, et ceux qui ont trait à la récolte et à la conservation des produits.

2. Quel est le but de l'agriculture ?

De procurer, en aussi grande quantité et à aussi peu de frais que possible, les plantes utiles à l'homme et aux animaux qu'il entretient.

3. Quels moyens doit-on employer pour arriver à ce but ?

Du capital, c'est-à-dire de l'argent pour les avances nécessaires ; du travail pour exécuter les opérations convenables ; de l'intelligence, pour diriger, d'une manière utile, l'application du travail et du capital.

4. En quoi consistent les avances nécessaires ?

En supposant la terre déjà acquise, les bâtiments édifiés, les clôtures élevées, les chemins faits, les avances à la charge de l'exploitant, fermier ou autre, consistent à se procurer le bétail et le mobilier agricole nécessaires, et à réserver une certaine somme, connue sous le nom de *fonds de roulement*, pour payer successivement les frais qu'exigent les récoltes avant qu'on puisse en réaliser la valeur.

5. Comment s'acquiert l'intelligence de l'agriculture ?

Par la science et par la pratique. La première consiste à connaître, par des études appropriées, la nature et la manière d'être et d'agir des plantes et des animaux auxquels on a affaire, et de la terre et de l'atmosphère au sein desquelles ils vivent. La seconde s'apprend en exécutant soi-même les travaux agricoles sous la direction d'un bon cultivateur.

6. La pratique ne suffirait-elle pas sans la science ?

Celui qui ne saurait travailler que comme un manœuvre serait incapable de commander en grand. En supposant qu'il restât toujours sur la même terre et qu'il pût imiter, sans se tromper, ce qu'il aurait vu faire aux autres, il se trouverait désarmé en face du moindre changement à ses habitudes, par exemple, lorsqu'une plante nouvelle s'introduirait dans son exploitation ; et à plus forte raison ne saurait-il plus se conduire dès qu'il changerait de canton et qu'il aurait affaire à un sol et à un climat nouveaux. La crainte de la science est une erreur qui entretient l'esprit de routine si funeste à l'agriculture.

7. Mais la science, à son tour, ne suffirait-elle pas sans qu'on fût obligé de passer par la pratique ?

On ne sait jamais tout à fait les choses que lorsqu'on les a pratiquées. D'ailleurs, on acquiert dans la pratique un esprit de prudence qui ne supplée pas à la science, mais qui corrige ce qu'elle pourrait avoir de trop absolu. Au reste, l'opposition qu'on cherche à mettre entre la science et la pratique n'existe pas réellement : la pratique n'est que l'application de la science ; celle-ci, à son tour, n'est que la mise en système des choses observées dans la pratique.

8. On dit cependant que les savants se trompent souvent ?

C'est qu'ils ne sont pas assez savants quand ils se trompent. Au surplus, si les savants ne sont pas infaillibles, les praticiens ne le sont pas davantage.

9. Qu'est-ce qu'une exploitation rurale ?

C'est la réunion d'un lot de terrain plus ou moins étendu que l'on cultive, et des bâtiments convenables pour loger les hommes et les animaux, pour conserver et manipuler les produits récoltés et pour mettre à l'abri les instruments et les machines de culture.

10. De qui se compose ordinairement le personnel d'une ferme ?

1° D'un chef, fermier, métayer, propriétaire ou régisseur.

Le chef peut s'adjoindre des aides qu'on appelle commis, contre-maîtres ou maîtres-valets. Leur nombre varie suivant l'étendue de l'exploitation.

2° De domestiques, hommes ou femmes, qui sont chargés plus spécialement de soigner ou de conduire les animaux, et d'accomplir les travaux de l'intérieur. Ils résident à la ferme ou aux environs et sont payés au mois ou à l'année.

3° Enfin, de journaliers qui sont payés à la journée ou plutôt, quand on le peut, à la tâche ; ils sont employés principalement aux travaux du dehors.

11. Comment se subdivise ordinairement le sol d'une exploitation rurale ?

La superficie totale dont on dispose est généralement occupée de la manière suivante : 1° par les bâtiments ; 2° par le jardin, le verger, le potager, le clos, etc. ; 3° par les chemins ; 4° par les terres labourables ; 5° par les herbages, comprenant les pâturages et les prairies irriguées ou non ; 6° par les terres sous bois, les pâtis, les bruyères, etc., etc.

CHAPITRE II

DES PLANTES.

12. Vous avez dit que l'agriculture a pour but de procurer les plantes utiles. Comment y parvient-elle ?

En les cultivant, c'est-à-dire en les faisant naître dans un sol préparé et en les maintenant dans les circonstances les plus favorables à leur développement, suivant le profit qu'on désire en tirer, car on cultive les unes pour leurs graines, les autres pour leurs racines, d'autres pour le fourrage, etc.

13. Comment détermine-t-on les circonstances favorables à leur développement ?

Principalement en étudiant la vie des plantes et ses conditions.

14. Les plantes sont donc des êtres vivants?

Bien que fixés au sol, privés de mouvement libre et différant des animaux par leurs organes essentiels, les végétaux naissent, vivent, se nourrissent et meurent comme eux, et se reproduisent de même en donnant naissance à des individus qui ressemblent à leurs parents.

15. Quels sont les principaux organes des plantes?

Il y en a plusieurs :

1° La *racine*. C'est la partie qui s'enfonce sous terre. Elle sert d'abord à fixer la plante au sol et ensuite à la nourrir. Dans ce but elle est munie de filaments qu'on appelle le *chevelu*, et c'est l'extrémité de ces petits fils, vraies petites bouches, qui pompe dans la terre les sucs destinés à monter dans la plante et à former la séve.

2° La *tige*. C'est le support commun des feuilles, des fleurs et des fruits. C'est par elle que passe la séve pour se rendre aux extrémités. Elle répond hors du sol à ce que le corps de la racine était dans le sol. On appelle *collet* ou *nœud vital* le point à ras de terre qui réunit la tige à la racine, et d'où elles partent toutes les deux pour se diriger en sens opposé.

3° Les *feuilles*. Elles servent à la respiration des plantes et elles absorbent les gaz nécessaires à leur nourriture. Elles contribuent en outre à l'élaboration des sucs.

La séve parvenue dans les feuilles y subit de grandes modifications ; elle y perd par l'évaporation une partie de son eau, s'épaissit et entre avec les gaz absorbés par la feuille dans différentes combinaisons ; après quoi elle redescend dans le corps de la plante.

4° La *fleur*. C'est l'organe de reproduction destiné à préparer les graines. Elle se compose d'abord d'une enveloppe plus ou moins colorée qui attire souvent l'attention par sa beauté, mais qui n'est destinée qu'à protéger deux organes beaucoup plus essentiels :

a. Les *étamines*, minces filets surmontés d'un petit sac rempli d'une poussière ordinairement jaunâtre. Cette poussière, qu'on nomme *pollen*, est nécessaire à la fécondation des graines.

b. Le *pistil*. Il occupe le centre de la fleur. Il est composé ordinairement d'une petite colonne surmontée d'une crête ou d'une aigrette sur laquelle vient s'attacher la poussière fécondante des étamines ; elle pénètre de là dans la colonne et jusqu'à sa base qui est renflée et contient les graines. Cette dernière partie se nomme l'*ovaire*, parce qu'on a comparé les graines qui la remplissent aux œufs des animaux.

Quand les graines sont fécondées, la fleur se flétrit. Ses enveloppes tombent, ainsi que les étamines, l'ovaire grossit et devient le fruit qui, à son tour, mûrit, se sèche ou se pourrit suivant les espèces, et lâche ainsi les graines qu'il contenait pour qu'elles se sèment naturellement ou qu'on les recueille pour les semer, comme on le fait du blé, de l'avoine, etc., etc.

16. Est-ce qu'on peut dire que le blé a un fruit?

Dans certaines espèces dont le blé fait partie, le fruit et la graine se confondent. Ainsi chaque grain de blé est à la fois un fruit et une graine. Dans d'autres espèces, un fruit contient plusieurs graines et même un très-grand nombre. La gousse ou cosse des pois, des haricots, la tête du pavot sont des fruits comme la poire et la pomme.

17. Que se passe-t-il lorsque la graine est mise en terre?

Toute graine contient un germe, c'est-à-dire une petite plante en raccourci qu'on peut voir facilement en ouvrant une fève ou un haricot. Quand la graine est mise en terre dans de bonnes conditions de chaleur et d'humidité, elle commence à germer. Le germe perce la graine avec sa racine qu'il dirige en bas, et sa tige qu'il dirige en haut. Dès que la tige est sortie de terre, elle prend des feuilles qui souvent ne ressemblent pas du tout à celles qu'elle aura lorsqu'elle sera grande. Cette remarque est utile à retenir, et il est bon de s'exercer à reconnaître les plantes qu'on cultive et même les mauvaises herbes, dès le momentoù elles lèvent.

18. Qu'arrive t-il à la plante une fois qu'elle est levée?

Elle pousse, développe sa tige et ses feuilles, fleurit et fructifie ; après quoi, suivant les espèces, elle meurt ou continue à vivre.

19. Qu'arrive-t-il si la plante meurt avant que la graine soit mûre?

Si la graine n'était pas assez avancée, elle périrait aussi, mais si elle avait pris tout son accroissement, elle mûrirait très-bien sur sa tige morte ; et c'est ce qui arrive fort souvent pour les plantes annuelles. Ainsi les blés et les colzas mûrissent très-bien quand leur tige ne vit plus, et achèvent parfaitement de mûrir en moyettes ou en tas, après avoir été coupés.

Pour ces deux plantes, il y a même de grands avantages à agir ainsi, car on évite les pertes qu'on ne peut prévenir si on attend la complète maturité pour faire la récolte. Les graines qui tombent sur le sol sont en effet sans utilité et causent souvent des déficits considérables. En outre, on obtient plus de qualité et de quantité. Mais il en est autrement des graines qu'on destine à la semence ; on doit les laisser mûrir sur pied autant que possible.

20. Comme il y a une infinité d'espèces de plantes différentes, il faut les diviser et les classer, afin de s'y reconnaître. Comment les classe-t-on?

Il y a plusieurs classifications, suivant le point de vue auquel on se place. Ainsi, les savants les classent en familles naturelles d'après les analogies de leurs organes essentiels. Mais d'autres divisions plus simples peuvent être adoptées aussi en agriculture ; on peut notamment les diviser en plantes annuelles, bisannuelles ou vivaces, suivant la durée de leur vie.

21. Indiquez les familles naturelles auxquelles appartiennent les principales plantes cultivées en grand.

Le pois, la vesce, le haricot, la fève, le sainfoin, la luzerne, le trèfle, etc., toutes plantes dont la fleur ressemble plus ou moins à un papillon, appartiennent à la famille des *Papilionacées*, appelées aussi *Légumineuses* à cause de leur fruit qui est une gousse ou *légume*.

Le lin appartient à la famille des *Linées*.

Le chou, le colza, le navet, la cameline, le pastel, etc., à la famille des *Crucifères*, nommée ainsi à cause de ses fleurs en croix.

La carotte, à la famille des *Ombellifères*, nommée ainsi à cause de ses fleurs disposées comme une ombrelle.

La pomme de terre et le tabac, à la famille des *Solanées*.

Le chanvre et le houblon, à la famille des *Cannabinées*.

Le sarrasin, à la famille des *Polygonées*, et la betterave à celle des *Chénopodées*.

Enfin, la famille naturelle qui contient le plus de **plantes** utiles est celle des *Graminées*. Elle en fournit pour le fourrage et pour l'alimentation de l'homme. Ces dernières portent le nom de *céréales*. Les diverses espèces sont notamment le blé, le seigle, l'avoine, l'orge, le maïs et le riz.

Les graminées fourragères les plus célèbres et les plus utiles sont l'ivraie ou ray-grass, la flouve, le fiorin, le vulpin, le fromental, la fléole, etc., etc.

22. Qu'appelez-vous plantes *annuelles?*

Ce sont celles qui naissent et meurent dans la même année, quelquefois même en une seule saison. Toutes les céréales, les haricots, les pois, etc., sont annuels.

23. Qu'appelez-vous plantes *bisannuelles?*

Celles qui ne fructifient et ne meurent que la seconde année après le semis. Tels sont les choux, les betteraves, le trèfle des prés, etc.

24. Qu'appelle-t-on plantes *vivaces?*

Ce sont les végétaux dont la vie a une durée indéfinie (1), comme le topinambour, la pomme de terre, les plantes des prairies naturelles, les luzernes, etc.

25. N'y a-t-il pas encore des distinctions à faire entre les plantes vivaces ?

Oui. On distingue les plantes vivaces *herbacées* et les plantes vivaces *ligneuses*.

26. Qu'est-ce que les plantes vivaces herbacées ?

Ce sont des plantes dont la racine seule est perpétuelle ; la tige meurt chaque année et ne repousse qu'au printemps suivant. L'ortie commune en est un exemple que tout le monde connaît. On les nomme herbacées à cause de la nature de leurs tiges qui sont vertes et tendres à la manière des herbes.

27. Qu'est-ce que les plantes vivaces ligneuses ?

Ce sont des plantes dont la tige est perpétuelle et a la consistance du bois. Elles comprennent les arbres, les arbrisseaux, parmi lesquels on doit compter les végétaux dont la tige est grêle et faible, mais ligneuse, comme les ronces.

28. Y a-t-il pour la culture des différences à établir entre les plantes vivaces et les plantes annuelles et bisannuelles ?

Oui, il y en a de très-grandes qui dépendent de la constitution

______

(1) Dans les livres de jardinage et de botanique, on désigne les plantes **vivaces** par ce signe ♃, les plantes annuelles par celui-ci ☉, et les plantes bisannuelles par ce dernier ♂ ; ou, encore, les annuelles par ⓘ et les bisannuelles par ⊖ ; Les **arbres sont indiqués par** 5.

même de ces plantes. Les annuelles vivant peu de temps ont peu
de racines et ne les enfoncent pas profondément. Il s'ensuit
qu'elles sont plus sensibles à la sécheresse et qu'elles ont moins
besoin d'un sol profond. Ainsi, la luzerne, qui est vivace, veut
un sol défoncé bien plus profondément que le trèfle, qui n'est
que bisannuel.

29. N'y a-t-il pas encore d'autres divisions à établir entre les plantes
au point de vue agricole?

Oui. On peut les diviser suivant leurs usages en plantes *alimentaires*, cultivées pour leurs semences ou leurs fruits, ou leurs
tubercules, etc. ; en plantes fourragères, qui se recueillent et se
consomment en sec ; en plantes *industrielles*, destinées à servir
de matières premières pour l'industrie, et à fournir des huiles,
du sucre, des teintures, etc. On peut aussi les diviser d'une
manière générale en plantes cultivées et en plantes incultes ou
spontanées.

30. Quelle est l'origine des plantes cultivées?

On l'ignore pour une grande partie d'entre elles. La plus importante de toutes, le blé, n'est pas connue à l'état sauvage.
Mais celles dont on connaît les types incultes montrent bien
qu'elles doivent beaucoup au travail de l'homme et que la culture a développé en elles des qualités dont elles ne possédaient
que le germe.

Ainsi la carotte sauvage, qui vient dans tous les champs
maigres, n'a qu'une racine dure, mince comme le petit doigt
et dénuée de toute qualité nutritive.

Le chou sauvage, qui pousse chez nous au bord de la mer,
est une plante âcre et maigre sans aucune des qualités qui nous
font rechercher les diverses espèces de choux cultivés.

La pomme de terre, qui vient spontanément dans les montagnes du Pérou, n'y a que des tubercules gros comme des
noisettes, verdâtres et amers.

C'est donc à la culture et aux soins qu'on en prend que
ces plantes doivent l'utilité que nous en tirons, et elles la per-
draient le jour où on cesserait de les cultiver.

31. De tout ce qui concerne la vie des plantes, qu'est-ce qu'il importe
le plus à l'agriculteur de savoir?

Il importe surtout à l'agriculteur de connaître ce qui se
rapporte à la nutrition ou nourriture des espèces qu'il cultive ;
car c'est en fournissant et en modifiant les éléments de cette
nutrition que la culture peut surtout agir sur les plantes.

32. D'où les plantes tirent-elles leur nourriture?

De l'air qui les environne et du sol dans lequel leurs racines
sont plongées.

Ainsi donc, avant de nous occuper de la nutrition des plantes, il nous faut parler de l'air et du sol, et aussi de l'eau qui joue un si grand rôle dans l'un et dans l'autre.

CHAPITRE III

DE L'ATMOSPHÈRE ET DU CLIMAT (1).

33. Qu'est-ce que l'air ?

C'est quelque chose comme une fumée sans couleur. Les physiciens l'appellent un fluide élastique. Léger, bien qu'il ait un certain poids, et plus transparent que le verre, il échappe à notre vue, et cependant il nous entoure et nous touche de toutes parts. Il est indispensable à la combustion des corps ; sans air, la chandelle s'éteindrait et le bois ne brûlerait pas. Il n'est pas moins nécessaire à la vie des hommes, des animaux et des plantes qui le respirent.

L'air forme autour de la terre une enveloppe qu'on appelle *atmosphère*, qui s'élève jusqu'à une très-grande hauteur, soixante kilomètres (15 lieues) environ au-dessus de nos têtes.

34. De quoi se compose l'air ?

1° D'un fluide ou gaz qu'on appelle *oxygène* (ce nom veut dire *engendrant les acides*). C'est la partie la plus active de l'air, celle sans laquelle la combustion ne saurait avoir lieu.

2° D'un gaz qu'on appelle *azote (qui tue)*. L'azote, s'il était seul, asphyxierait les animaux et les végétaux, et éteindrait les corps enflammés. Il sert : 1° à tempérer l'énergie de l'oxygène pur qui, sans lui, brûlerait tout et consumerait les organes qui le respireraient ; 2° à fournir certains éléments nécessaires à l'organisme des animaux et des plantes.

3° D'un gaz qu'on appelle *acide carbonique*. Ce gaz se dégage, sous forme de bulles, dans la fermentation de la bière, du cidre, du vin, etc. ; c'est lui qui tue ceux qui restent dans une chambre fermée où est allumé, par exemple, un réchaud de charbon de bois.

4° Enfin d'une petite quantité de vapeur d'eau, d'ammoniaque ou alcali volatil, et d'acide azotique ou eau-forte. En outre, l'air contient quelques corps étrangers, tels que poussières, fumées, etc.

----

(1) Consultez pour compléter ce chapitre et le suivant *le Livre de la Ferme et des Maisons de campagne*, par une réunion d'agronomes, de savants et de praticiens, sous la direction de M. P. Joigneaux. 2 vol. gr. in-8 à 2 col., 2° édit., Paris, V. Masson, et Ch. Delagrave. T. I, p. 7-18.

35. Quelles sont les proportions des gaz principaux pour former l'air atmosphérique?

Près de 21 p. 100 pour l'oxygène et de 79 p. 100 pour l'azote, et une faible partie d'acide carbonique.

36. Que se passe-t-il chez les animaux quand ils respirent?

La respiration met le sang en contact avec l'oxygène ; celui-ci en brûle une certaine portion et entretient ainsi dans le corps la chaleur animale. Une certaine quantité d'oxygène est absorbée ainsi ; car, en rejetant ensuite cet air au dehors, les animaux rendent moins d'oxygène qu'ils n'en ont pris. A sa place, ils exhalent de l'acide carbonique et empoisonnent, jusqu'à un certain point, l'air environnant ; ils finiraient même par le rendre impropre à la vie si on ne le renouvelait pas. C'est pourquoi on a déterminé, d'une manière positive, l'espace et la quantité de mètres cubes d'air qu'il est nécessaire de ménager dans les écuries, les bergeries, les étables et les porcheries, suivant le nombre et la taille des animaux qu'on y renferme.

37. Est-ce que les plantes respirent aussi?

Non, si l'on entend que cela ait lieu par un mouvement mécanique à la manière des animaux. Oui, si l'on comprend que l'air, pénétrant librement dans leurs tissus, y joue un rôle nécessaire à leur existence et comparé avec raison, alors, à la respiration animale.

38. L'atmosphère et le soleil ont-ils aussi une influence sur le sol lui-même?

Sans doute, l'air et le soleil ont incontestablement sur la terre une action mécanique et une action chimique ; seulement il faut que le cultivateur favorise cette action en remuant le sol ; une fois remuée, la terre est pénétrée plus aisément par l'air et par les rayons du soleil, qui y produisent des réactions chimiques et la rendent propre à la végétation.

On a donc raison, lorsqu'on plante des arbres un peu profondément, de creuser les trous quelque temps à l'avance, afin de donner à l'air le moyen d'agir sur la terre neuve.

39. L'atmosphère n'agit-elle pas en outre sur le sol, sur les plantes et sur les animaux à raison de ses variations ?

Oui, l'atmosphère agit suivant la direction des vents, la température, la pesanteur et l'humidité de l'air, les pluies ou les sécheresses, les orages, les tempêtes.

40. Quels sont les moyens de connaître l'état de l'atmosphère?

Les trois principaux sont : 1° le *thermomètre* (mesure de la chaleur) qui indique le degré de température ou de chaleur de l'air.

2° Le *baromètre* (mesure de la pesanteur) qui indique le degré de pesanteur de l'air.

3° L'*hygromètre* (mesure de l'humidité), qui indique le degré d'humidité de l'air.

Au moyen de ces trois instruments et en sachant bien s'en servir, un bon cultivaveur sait reconnaître le moment favorable ou urgent pour certains travaux, et il peut même prévoir, au moins d'une manière probable, le temps qu'il va faire le soir, la nuit ou le lendemain.

41. Comment se fait-il que la température de l'air varie?

Cela tient : 1° aux saisons qui dépendent elles-mêmes de la hauteur du soleil; 2° aux vents, qui apportent de l'air chaud ou de l'air froid ; et 3° aux nuages qui cachent ou découvrent le soleil.

42. Comment se fait-il que la pesanteur de l'air varie?

L'atmosphère étant dans un mouvement continuel, comme les eaux de la mer, la colonne d'air qui est sur nos têtes est plus ou moins agitée. La chaleur, en la dilatant, la rend plus légère, tandis que le froid la resserre et la rend plus lourde.

43. Comment se fait-il que l'humidité de l'air varie?

Cela dépend d'abord des vents, qui apportent de l'air plus ou moins sec, suivant qu'ils ont passé sur les mers ou sur les continents; puis de la température. Quand celle-ci est chaude, l'air peut contenir beaucoup d'humidité dissoute et invisible. Mais si elle vient à se refroidir, l'humidité se condense, forme des brouillards, des nuages, et finit par se résoudre en pluie.

44. Sont-ce là tous les phénomènes atmosphériques qu'il importe à l'agriculteur de connaître?

Il y en a bien d'autres encore, tels que les rosées et les gelées blanches qui se produisent la nuit quand le ciel est serein; la neige qui est de la pluie glacée ; la grêle et les orages qui sont dus à une cause particulière qu'on nomme électricité. Mais il serait trop long d'entrer ici sur toutes ces choses dans des détails circonstanciés.

45. Qu'appelle-t-on le climat d'un pays?

C'est l'état habituel et l'ensemble des phénomènes atmosphériques qu'on y constate. L'étude du climat est d'autant plus importante, que le cultivateur ne peut rien faire pour en empêcher les intempéries, et qu'il lui est bien difficile de s'en garantir même imparfaitement.

46. Le climat a-t-il de l'influence sur les plantes et les animaux?

Cette influence est si grande] que chaque pays a ses productions, et qu'il est très-difficile d'acclimater celles d'un pays dans

un autre. C'est une question qu'il faut bien examiner, avant de
se risquer à introduire dans son exploitation une plante nouvelle ou une nouvelle race de bétail.

47. A quoi tient la diversité des climats ?

A plusieurs causes, tant générales qu'accidentelles ou locales.

48. Dites les causes générales.

Ce sont 1° la *latitude*. On appelle ainsi la distance où l'on est
du lieu où l'on aurait le soleil droit au-dessus de sa tête. On
conçoit, en effet, que la chaleur dépend surtout de la hauteur
du soleil sur l'horizon ; plus il est élevé et plus il fait chaud, plus
il est abaissé et plus il fait froid.

2° L'*élévation*. On prend pour point de départ le niveau de la
mer ; plus on s'élève à partir de là, plus il fait froid, jusqu'à ce
qu'on arrive aux hautes montagnes, sur lesquelles la neige ne
fond jamais.

3° La distance de la mer ; plus on en est près, plus le climat est
doux et égal ; plus on s'en éloigne, plus il est excessif, chaud
l'été et froid l'hiver.

49. Indiquez quelques causes accidentelles.

Ce sont : l'état de boisement ou de déboisement du sol, la situation dans les montagnes, ou en plaine, ou au fond d'une
vallée ; les abris naturels contre les vents chauds ou froids do-
minants, la nature du sol, sa perméabilité, son inclinaison, son
exposition au nord ou au midi, etc.

CHAPITRE IV

DE L'EAU.

50. Qu'est-ce que l'eau ?

C'est un composé de deux corps simples, l'oxygène et l'hydrogène, qui se trouve en très-grande abondance à la surface de la
terre.

51. Sous quelle forme l'eau nous apparait-elle ?

Sous trois formes différentes :

1° A la température ordinaire l'eau est un liquide dépourvu,
quand il est pur, de couleur, d'odeur et de goût.

2° Quand on la chauffe, elle se transforme en vapeur, et passe,
comme on dit, à l'état gazeux.

3° Quand il fait froid et que le thermomètre descend au-dessous de zéro, elle se solidifie et devient de la glace.

52. D'où nous vient l'eau ?

Des nuages et des sources.

Nous avons déjà dit (v. n° 34) que l'air contient de l'humidité, c'est-à-dire de l'eau à l'état gazeux que la chaleur du soleil a pompée à la surface de la terre ; il en peut contenir d'autant plus qu'il est plus échauffé. Quand l'air vient à se refroidir, la vapeur d'eau qu'il contenait se change en tout petits globules creux comme des bulles de savon, qui forment les nuages et les brouillards.

53. En quoi les brouillards diffèrent-ils des nuages ?

Par la situation seulement ; les brouillards sont près de terre et les nuages en haut dans les airs. Un brouillard, a dit le savant Monge, est un nuage dans lequel on est, et un nuage est un brouillard dans lequel on n'est pas.

54. *Comment la pluie résulte-t-elle des nuages?*

A mesure que les vésicules d'eau deviennent plus nombreuses, elles se réunissent et forment ainsi des gouttes d'eau que leur poids fait tomber sur la terre.

55. Comment se forme la neige?

Quand il fait froid en l'air, les vésicules de l'eau y gèlent ; les petites aiguilles de glace qu'elles forment constituent la neige en se réunissant, et tombent ainsi sur la terre, lorsque la température est assez froide pour qu'elles n'aient pas fondu avant d'arriver jusqu'en bas.

56. Comment se forme la grêle ?

On ne le sait pas d'une manière positive. Ce sont des gouttes d'eau qui se sont glacées en l'air. Il paraît que l'électricité qui cause les orages joue un rôle dans ce phénomène.

57. Comment se forme la rosée ?

Lorsque les nuits sont sereines et sans nuages, la surface de la terre se refroidit rapidement, et refroidit aussi les couches d'air qui l'environnent. Il s'ensuit que cet air ne peut plus contenir autant d'humidité, et qu'il dépose ce qu'il en a de trop, sous forme de rosée, sur les corps avec lesquels il est en contact.

58. Pourquoi n'y a-t-il pas de rosée quand le temps est couvert ?

Parce que les nuages, formant écran, empêchent la terre de se refroidir, de la même façon absolument qu'un paillasson préserve les plantes de la gelée.

59. D'où viennent les sources?

L'eau qui tombe sur la terre, s'infiltre à l'intérieur et s'y écoule jusqu'à ce qu'elle rencontre des couches de roches, d'argile, ou d'autres terres imperméables, c'est-à-dire à travers lesquelles elle ne peut pas passer. Elle coule à la surface de ces couches jusqu'à ce qu'il se trouve en un lieu bas une issue naturelle par laquelle elle s'échappe ; ou bien elle séjourne à la surface de la couche imperméable, comme dans un cul-de-sac, et ne s'en échappe que si on lui donne une issue artificielle.

Les sources forment les ruisseaux, les rivières, les fleuves, les lacs, et vont enfin se perdre dans les mers. Là, le soleil reprend l'eau pour en faire des nuages qui, tombant en forme de pluie, de neige, etc., recommenceront à alimenter les sources.

60. L'eau a-t-elle de l'action sur la végétation ?

Sans elle les plantes ne pourraient pas vivre. Les substances dont elles se nourrissent (sauf les gaz qu'elles absorbent par leurs feuilles), ne pourraient pénétrer dans leurs tissus si elles n'étaient dissoutes dans l'eau, sucées avec elle par les racines, et entraînées par elle dans sa marche ascendante jusqu'aux extrémités du végétal.

61. Les plantes absorbent donc une grande quantité d'eau ?

Oui, mais par leurs racines seulement, et elles en exhalent une partie par leurs feuilles. On n'a qu'à couvrir d'une cloche une plante exposée au soleil, on ne tardera pas à voir l'intérieur de la cloche se ternir et se couvrir de gouttelettes. C'est encore une des grandes causes qui entretiennent l'humidité de l'air.

62. Mais comment s'y peut-on prendre pour que les plantes qu'on cultive ne manquent pas d'eau.

Il n'y a pas d'autres moyens que les arrosements et les irrigations, quand ils sont possibles et qu'ils ne coûtent pas trop cher (1).

63. L'excès d'humidité n'est-il pas à craindre aussi ?

Oui, sans aucun doute, surtout quand l'eau n'a pas d'écoulement, et qu'elle séjourne et croupit, parce qu'alors elle se corrompt et pourrit les plantes avec lesquelles elle est en contact. On doit en ce cas recourir aux assainissements, aux nivellements, aux fossés d'écoulement, et surtout au drainage (2).

64. Qu'entendez-vous par le mot *drainage* ?

C'est une opération qui a pour but d'assécher convenablement le sol et le sous-sol, quand par eux-mêmes ils gardent l'eau et ne lui offrent pas d'écoulement. On place dans le sol, suivant certaines règles, des tuyaux de terre cuite qui en soutirent l'eau et la conduisent au dehors.

---

(1) Sur les irrigations, consultez *le Livre de la Ferme*, t. I, p. 346-349, et le *Traité élémentaire d'agriculture*, par MM. Girardin et Dubreuil, 2e éd., 2 v. grand in-18, Paris, V. Masson et Garnier frères, 1863, t. I, p. 148-162.

(2) Sur le drainage, consultez *le Livre de la Ferme*, t. I, p. 154-157, et Girardin et Dubreuil, t. I, p. 136-148.

65. Expliquez les effets du drainage.

Une comparaison les fera très-facilement comprendre. Les plantes qu'on place dans des pots à fleurs, ne tarderaient pas à pourrir, si l'eau dont on les arrose séjournait au fond du vase et n'avait pas d'écoulement. C'est pourquoi le fond du pot a un trou, afin de permettre à l'eau de s'échapper. Eh bien, le drainage rend aux champs le même service que le trou à la terre des pots.

66. Le drainage ne fait-il que faciliter l'égouttement des terres?

Il y a plusieurs autres résultats encore. Nous en citerons trois principaux :

1° La terre, étant moins humide à la surface, est le siége d'une évaporation d'eau moins considérable. Or l'évaporation n'a lieu qu'en refroidissant beaucoup le sol. La terre drainée conserve donc plus de chaleur que les autres ; et il en résulte que les récoltes qu'elle porte sont plus vite mûres. Généralement les blés d'un champ drainé sont bons à moissonner quelques jours, souvent quelques semaines plus tôt que les autres.

2° Les personnes qui ont sérieusement pratiqué le drainage ont constaté que dans les grandes sécheresses, les terres drainées gardent plus de fraîcheur que les autres. Cela tient à ce que les pores de ces terres sont toujours libres, grâce à ce que la filtration de l'eau s'y opère sans obstacle. Quand le temps devient sec, cette liberté des pores permet au peu d'humidité que le fond a conservée de remonter à la surface, par l'effet de ce qu'on appelle la capillarité (1).

3° Les conduites souterraines que l'on place ainsi dans le sol constituent un vrai système d'aération, qui, pour ainsi dire, le fait respirer. Il est comme transformé en un immense filtre qui retient toutes les parties fécondantes que renferment les eaux et les arrête pour les faire servir à la nourriture des plantes.

CHAPITRE V

DU SOL (2).

67. Qu'entend-on par le sol ?

C'est la partie du terrain qu'on cultive et qui peut être atteinte et remuée par les instruments aratoires.

---

(1) On nomme *capillarité* la propriété qu'ont les interstices et les tubes très-fins d'attirer à eux l'humidité et de la faire monter.

(2) Pour ce chapitre et le suivant consultez le *Livre de la Ferme*, t. I, p. 18-29, et Girardin et Dubreuil, t. I, p. 5-127.

68. Et qu'est-ce que la terre, entendue au sens agricole?

Souvent on la prend pour synonyme de sol; mais plus particulièrement on entend par ce mot la matière même qui compose le sol.

69. Y a-t-il plusieurs espèces de terres?

Oui, et on les classe, suivant leur composition chimique, en terres argileuses, calcaires, marneuses, siliceuses, etc. ; ou, suivant leurs qualités, en terres franches, fortes, légères, froides, chaudes, etc.

70. Qu'est-ce que l'argile ?

C'est un corps composé, une combinaison chimique d'acide silicique, d'alumine et d'eau (silicate d'alumine hydraté). Elle forme une terre grasse, onctueuse, douce au toucher, qui happe à la langue, s'y colle et y adhère avec une certaine force, et qui exhale une odeur particulière et bien connue, celle qu'on sent dans les champs ou sur les grandes routes après la pluie.

L'argile est blanche naturellement, mais le plus souvent elle est colorée en rouge ou en brun par du fer à l'état de rouille. Elle absorbe une grande quantité d'eau et ne la cède que très-lentement; quand elle en est saturée, elle devient imperméable, et fait avec l'eau une pâte liante et susceptible de prendre toutes les formes qu'on veut. Sous l'action de la sécheresse elle se fend et durcit, et devient très-difficile à rompre. Sous l'action de la gelée, au contraire, les mottes d'argile s'émiettent et tombent en poussière, parce que l'eau a augmenté de volume en se congelant et a brisé tout ce qui l'entourait. De là, l'humidité ordinaire des terres argileuses, la difficulté de les travailler par les temps secs, et l'action utile que les grands froids exercent sur elles.

Ces sortes de terres donnent de bonnes récoltes de blé et de fourrages, mais les frais de culture y sont considérables ; elles décomposent lentement le fumier, elles ont besoin d'en être saturées avant de le céder aux plantes, mais en revanche ce sont elles qui le gardent le plus longtemps. Le drainage y fait merveille.

En résumé, les terres argileuses demandent, pour être exploitées, une grande somme de capital, de travail et de talent; mais leur rapport est en raison de ce qu'elles ont coûté.

71. Qu'entend-on par terre glaise ?

C'est une sorte d'argile très-compacte, très-grasse, imperméable, et fort difficile à cultiver, si elle n'est convenablement amendée et drainée.

72. Qu'est-ce que le calcaire?

Le calcaire ou carbonate de chaux est une combinaison de

chaux et d'acide carbonique. C'est lui qui fournit la **pierre à bâtir.**

Les sols qui en sont composés gardent mal l'eau, se dessèchent rapidement, se fendillent comme les argiles par la **sécheresse**, et sont sujets à brûler les plantes. La grande humidité les réduit en bouillie, et si c'est pendant l'hiver et qu'il survienne de la gelée, elle les gonfle et il en résulte que les plantes sont soulevées et leurs racines coupées, déchirées. C'est ce qu'on appelle un *déchaussement.*

Les calcaires décomposent rapidement les engrais ; mais, comme les argiles, ils ont besoin d'en être saturés avant de les céder aux plantes. Quand ils sont purs et sans mélange, ils constituent pour l'agriculture de très-mauvaises terres.

73. Qu'est-ce que la marne ?

C'est un mélange intime d'argile et de calcaire. On l'appelle marne argileuse ou marne calcaire suivant l'élément qui domine. Les terres marneuses jouissent de la propriété de se déliter sous l'influence de l'eau. Elles sont, en général, estimées pour la culture, mais il est assez rare de les trouver à la surface du sol. Les marnes sont plus souvent en dépôts souterrains qu'on extrait pour amender les argiles.

74. Ne pourrait-on pas faire de la marne en mélangeant de l'argile et du calcaire ?

Non, la marne est le résultat d'un mélange intime que la nature seule a pu réaliser.

75. Qu'est-ce que la silice ?

La silice (*acide silicique*) se présente le plus ordinairement à l'état de *sable,* et on pourrait même dire terres sablonneuses, au lieu de terres siliceuses, s'il n'y avait aussi des sables calcaires. D'ailleurs la silice se présente aussi quelquefois à l'état de graviers ou même de cailloux.

Les pierres à fusil sont de la silice ; elle fait aussi le fond de la pierre meulière.

Les terres siliceuses-sablonneuses se distinguent à leur toucher rugueux et à leurs propriétés négatives. L'eau y passe comme dans un filtre ; aussi ne craignent-elles jamais la trop grande humidité. Elles sont très-faciles à travailler, et exigent à cet égard peu de frais, mais en général elles produisent peu, et l'on peut dire qu'elles dévorent les engrais, tant ils s'y décomposent vite.

La fertilité de ces sortes de terres est en raison directe et composée de leur finesse et de leur humidité, et en raison inverse de leur grossièreté et de leur sécheresse.

Certains sables siliceux fins et humides rapportent autant et plus que les meilleures terres, tandis que les graviers siliceux secs sont assez stériles.

76. Sont-ce là les seules substances qui entrent dans la composition du sol arable?

Ce sont les principales seulement. Il en est d'autres qui se rencontrent plus rarement ou en moindre proportion. Ainsi, le fer se trouve dans presque tous les terrains, et un peu de fer est un élément nécessaire pour la végétation. Mais la présence de ces substances secondaires est moins importante pour la culture, et il faut laisser aux chimistes le soin de les distinguer.

Nous mentionnerons seulement deux genres de terrains qui se rencontrent dans certaines contrées de la France, les terrains granitiques, assez peu fertiles; ils tendent à se changer lentement en terres argileuses; et les terrains volcaniques qui doivent souvent une extrême fertilité à la présence de certaines substances chimiques.

77. Les trois éléments : argile, calcaire, silice, qui forment la base des terrains, s'y présentent-ils à l'état pur ou mélangés entre eux?

Tantôt l'un, tantôt l'autre, mais le mélange est le cas le plus fréquent. Si le sol est formé d'un mélange d'argile et de silice ou sable, on le dit *argilo-siliceux* ou *silicéo-argileux*, en énonçant d'abord l'élément qui domine; on dit de même *argilo-calcaire*, *calcaro-siliceux*, etc.

78. De tous ces mélanges, quel serait le meilleur ?

Le meilleur serait le plus complet. Les plus mauvais sols sont ordinairement les sols purs, ne contenant que de l'argile, ou du calcaire, ou de la silice. Leur mélange neutralise les mauvaises qualités et ne détruit pas les bonnes. Il rend l'argile moins compacte, le calcaire moins brûlant, le sable moins mobile. Et d'ailleurs les plantes ont besoin pour vivre de certains éléments qu'elles trouvent dans le calcaire, dans la silice, dans l'argile; tous trois sont utiles chacun à sa façon.

79. Existe-t-il des terrains naturels qui réalisent ce mélange ?

Oui, ce sont les *terrains d'alluvion*. On appelle ainsi des terres que les fleuves ont détachées de leurs rives dans la partie supérieure de leur cours, et qu'ils déposent dans leur partie inférieure et sur les bords. Comme les fleuves ont traversé des terrains d'espèces diverses, il en résulte dans leurs dépôts un mélange de tous les éléments et une fertilité inépuisable. Malheureusement les terres de cette espèce ne sont pas communes.

80. Peut-on connaître par des moyens directs la composition exacte du sol arable ?

Oui, mais on n'y parvient que par des opérations délicates qui exigent la connaissance et l'habitude de la chimie. En pareil cas, il vaut mieux s'adresser aux hommes compétents.

81. Mais n'y a-t-il pas au moins un procédé pour connaître à peu près la composition du sol ?

Oui, on prend une petite quantité de terre qu'on fait préalablement sécher au four ou sur une assiette. Sur un fragment de cette terre on verse du vinaigre fort, et s'il s'y produit une vive effervescence, c'est-à-dire une sorte de bouillonnement accompagné d'un dégagement mousseux, comme lorsqu'on débouche une bouteille de vieille bière, c'est signe que la terre étudiée contient du calcaire.

On distingue ensuite le sable siliceux de l'argile en mettant de la terre dans un verre d'eau, et en remuant fortement, après quoi on décante ; l'argile s'en va avec l'eau, et le sable reste au fond du verre.

82. N'y a-t-il pas aussi d'autres moyens indirects ?

Il y en a plusieurs, et en général les cultivateurs n'en emploient pas d'autres. Le premier de tous et le plus simple est tiré de l'aspect même du terrain, de sa couleur, de la manière dont il se comporte au toucher.

Les sillons ouverts par la charrue, les fossés récemment creusés indiquent sa profondeur.

On se renseigne aussi par la nature des cultures, par l'importance des récoltes ; mais il faut alors avoir soin de tenir compte des circonstances secondaires qui peuvent la faire varier. Ainsi une mauvaise terre située à la porte d'une ville et profitant des engrais que celle-ci lui fournit peut produire beaucoup plus qu'une bonne terre privée d'engrais.

Enfin, il est un dernier moyen de se renseigner avec probabilité sur la nature du sol, c'est l'examen des plantes spontanées, autrement dit des mauvaises herbes auxquelles il donne naissance. Nous en donnons ci-dessous une liste caractéristique (1).

---

(1) Cependant on ne doit pas perdre de vue que les plantes ne distinguent vraiment les terrains que dans le même pays. Si l'on en change, et que les conditions de climat soient modifiées, les rapports des plantes avec les terrains ne sont plus les mêmes. Ainsi, le *chardon penché* est caractéristique des calcaires en Normandie. Au contraire, dans le centre de la France, il vient indistinctement sur les calcaires et sur les argiles.

PRINCIPALES PLANTES QUE L'ON PEUT CONSIDÉRER COMME ÉTANT CARACTÉRISTIQUES DES TERRAINS.

Siliceux.	Calcaires.	Argileux.
Avoine à chapelet.	Mercuriale annuelle.	Ajonc marin.
Petite oseille.	Sauge des prés.	Laîches.
Genêt commun.	Marrube.	Prèles ou queues de cheval.
Bruyère commune.	Arrête-bœuf.	Persicaire.
Bruyère cendrée.	Mélampyre rouge.	Agrostis traçante.
Réséda jaune.	Lupuline.	Vulpin genouillé.
Plantain corne de cerf.	Centaurée scabieuse.	Laitue vireuse.
Ajonc marin.	Fumeterre.	Lotier corniculé.
Genêt des Anglais.	Caille-lait tricorne.	Saponaire officinale.
Genêt sagitté.	Chardons.	Dactyle pelotonné.
Spergule des champs.	Potentille printanière.	Brunelle à grandes fleurs.
Caille-lait jaune.	Seslérie bleuâtre.	Tussilage ou pas d'âne.
Fléole des sables.		Aristoloche commune.
Sabline pourpre.		Chicorée sauvage.
Canche blanchâtre.		
Fétuque rouge.		
Orpin âcre.		
Orpin blanc.		

83. Ces éléments minéraux sont-ils les seuls qui constituent le sol ?

Non. Le sol contient encore de l'*humus*.

On donne ce nom à une terre noire, onctueuse au toucher, retenant facilement l'eau, et qui n'est que le dernier état de décomposition des débris végétaux et animaux.

L'humus est la terre végétale par excellence. Dès qu'un sol en contient seulement 10 pour 100, il est des plus fertiles et prend le nom de *terre de jardin*.

De l'humus mélangé d'un peu de terre constitue ce qu'on nomme *le terreau*.

84. Comment peut-on s'assurer de la présence de l'humus dans un sol ?

D'une manière bien simple, en faisant brûler un peu de terre sur une pelle à feu rougie. L'humus se change en charbon et se calcine en exhalant une odeur de corne ou de plume, de bois ou de paille brûlée. L'odeur de plume brûlée indique un humus riche en produits animaux; celle de paille brûlée, un humus composé de débris végétaux.

85. L'humus est-il toujours favorable à la végétation ?

Oui, en exceptant cependant l'humus produit par les plantes décomposées sous l'eau : il prend alors le nom de *tourbe*, et contracte des qualités acides qui le rendent tout à fait impropre à la culture, à moins qu'on ne détruise cette acidité à l'aide d'amendements; il en faut alors des quantités considérables.

Les terrains tourbeux se rencontrent dans les marais à leur

état primitif, ils boivent l'eau comme des éponges, ont un aspect noirâtre ; quand on marche dessus, ils tremblent, rebondissent sous le pied et semblent élastiques, mais, une fois desséchés, ils ont une extrême difficulté à se rompre et à reprendre l'eau.

Du reste, leur consistance varie suivant la nature et la décomposition plus ou moins avancée des débris de plantes qui les composent. Ces terres ne produisent que de mauvais pâturages et ne peuvent être cultivées qu'après dessèchement ; et même alors elles sont froides et la végétation y est tardive bien que vigoureuse. Les amendements calcaires y font merveille.

86. Voyons maintenant le classement pratique des terres quant à leurs qualités. Qu'appelle-t-on *terres franches* ?

Ce sont les meilleures de toutes les terres pour la fertilité. Elles contiennent de l'humus, se travaillent facilement, retiennent suffisamment l'humidité sans être imperméables, et, tout en décomposant convenablement les engrais, elles ne les consomment pas trop vite.

Les terres d'alluvion et les terres de jardin sont des terres franches. Tout terrain bien cultivé, bien amendé, bien fumé, doit finir à la longue par arriver à cet état.

87. Qu'appelle-t-on *terres fortes* ?

Ce sont celles où l'argile domine. Elles sont compactes et lourdes, résistent à la charrue, et leur pâte tenace est levée par elle en longs rubans comme des copeaux de menuisier. L'eau et la chaleur exercent sur ces terres une influence mauvaise : l'eau, parce qu'elle y séjourne trop longtemps et leur donne une ténacité qui les rend incultivables ; la chaleur sèche, parce qu'elle les durcit comme une sorte de poterie. Ces terres sont difficiles et coûteuses à cultiver, mais elles produisent richement, comme nous l'avons dit, sitôt qu'elles sont drainées et bien travaillées.

88. Qu'appelle-t-on *terres légères* ?

On appelle ainsi les calcaires et surtout les sables siliceux. Toujours meubles en tout temps, ce sont les terres qui exigent le moins de force et de travail ; mais aussi, sauf quelques exceptions, celles qui rapportent le moins.

89. Qu'appelle-t-on *terres froides* et *terres chaudes* ?

Les terres humides sont généralement froides, parce que l'évaporation d'une partie de l'eau qu'elles contiennent refroidit le sol. Il arrive, dans ce cas, ce que chacun a pu constater par soi-même, soit en sortant du bain, soit simplement en se mouillant le doigt et en l'exposant à l'air ; du côté où le vent souffle, on sent un refroidissement dû à l'évaporation de la couche humide qui le couvrait et qui, pour ce fait, a soustrait de la chaleur à la partie du doigt qui était tournée vers l'arrivée du vent. Les chasseurs connaissent bien ce phénomène et ils s'en servent pour savoir d'où le vent souffle.

Les terres habituellement sèches sont par le fait les plus chaudes.

La présence des cailloux et des graviers à la surface du sol empêche aussi celui-ci de se refroidir trop vite par le rayonnement. Il s'ensuit que l'épierrement est une moins bonne opération dans le nord que dans le midi, et dans les montagnes que dans les plaines basses.

Enfin la couleur du sol est encore une condition importante que l'on doit noter. Les terres noires, par exemple, absorbent la chaleur et les terres blanches la repoussent.

90. Pourquoi donc appelle-t-on les terres calcaires, qui sont généralement blanches, des terres brûlantes?

Parce qu'elles consomment les engrais trop vite, et qu'on dit alors qu'elles les brûlent. Elles peuvent aussi brûler les plantes par la réverbération des rayons solaires renvoyés par leur surface blanche, à la manière des réflecteurs des lampes qui nous renvoient la lumière et la projettent au loin.

CHAPITRE VI

DU SOUS-SOL.

91. Qu'entend-on par *sous-sol* ?

C'est la partie du terrain qui est située immédiatement au-dessous du sol arable.

92. De quoi se compose le sous-sol ?

Il peut n'être qu'une continuation des terres qui constituent le sol ; il peut en différer et se composer de glaises imperméables, de rochers pierreux, de marnes, de sables, de cailloux, de tuf ou calcaire consistant, de schiste, de *pouddingues* (agglomération de cailloux roulés, ou d'autres pierres incrustées dans une pâte endurcie), etc.

93. Quelle est l'influence du sous-sol sur la végétation?

Elle est très-grande, surtout quand le sol n'a pas assez de profondeur pour loger convenablement les racines des plantes. Alors, si le sous-sol n'est pas rocheux, ou trop pierreux, on l'attaque au moyen de labours profonds, et on arrive, par des mélanges successifs et gradués, à augmenter considérablement la masse de terre végétale. Mais on doit procéder à ces opérations lentement et successivement, car le sous-sol n'a pas d'*humus*, te les engrais et la culture ne peuvent lui en donner que peu à peu. Si on le ramenait sans discernement et brusquement à la surface, il stériliserait le sol pour longtemps.

94. N'y a-t-il pas des cas où il est très-utile de mélanger le sous-sol au sol, quelle que soit l'épaisseur de ce dernier ?

Oui, quand le sous-sol peut servir d'amendement au sol. Ainsi, quand le sol est d'argile et le sous-sol de marne calcaire, le mélange des deux opère le marnage le plus simple et le moins coûteux. De même entre l'argile et la craie, entre l'argile et le sable, etc.

95. Quels sont les inconvénients du sous-sol imperméable ?

La stagnation de l'eau et l'humidité du sol. Le plus souvent, cependant, la moindre pente suffit pour que l'eau glisse à la surface du sous-sol, au-dessous du sol, jusqu'à ce qu'elle trouve une issue quelconque. Mais, même dans ce cas, il reste toujours plus d'humidité qu'il n'en faut, et on doit aider par le drainage à l'écoulement des eaux.

96. A quels signes extérieurs reconnaît-on un sous-sol imperméable ?

Quand il n'a pas de pente qui permette l'écoulement des eaux, le sol devient un marais qui se manifeste par une foule de caractères avec lesquels tout le monde est familier ; il y pousse des joncs, des laîches ou carex, etc., etc. Mais lorsque la pente permet aux eaux de s'écouler, il est plus difficile de s'en apercevoir. Dans ce cas, le signe le plus certain que nous connaissions est la présence de la mauvaise herbe nommée prêle des champs ou queue de cheval, qui a besoin pour vivre d'un sous-sol de cette espèce, dont la surface soit toujours humide, pour que ses longues racines horizontales puissent y ramper.

On pourrait poser en principe que tout sol où pousse la prêle des champs a besoin d'être drainé. Quelquefois l'humidité provenant d'un sous-sol imperméable est encore augmentée par des sources qui viennent sourdre à sa surface et doublent, si l'on peut ainsi dire, la nécessité du drainage.

CHAPITRE VII

DES ALIMENTS DES PLANTES (1).

97. Vous nous avez dit que les plantes tirent leur nourriture de l'air qui les environne et du sol dans lequel leurs racines sont plongées. A présent que nous avons des notions suffisantes sur l'air et sur le sol, parlez-nous d'abord des aliments que les plantes tirent de l'air.

A la lumière du jour et surtout au soleil, les feuilles et en

(1) Consultez Girardin et Dubreuil, t. I, p. 285-308.

général les parties vertes des plantes absorbent l'acide carbonique. Et comme ce gaz est un composé d'oxygène et de carbone
ou charbon pur, elles le décomposent, fixent le carbone dont
elles font un élément de leur bois, que nous pourrons brûler,
et rejettent l'oxygène tout seul. C'est ainsi que l'atmosphère se
trouve incessamment purifiée des masses d'acide carbonique
que la respiration des animaux y verse. Les plantes s'en nourrissent et en rendent l'oxygène qui servira encore à faire
vivre les animaux. Il y a là un circuit et une harmonie admirables.

Mais, pendant la nuit, les plantes ne jouissent pas de cette
bienfaisante propriété ; au contraire, elles exhalent l'acide carbonique, et, par conséquent, elles n'augmentent pas les éléments de leur ligneux ou de leur bois : c'est dire qu'il serait
malsain d'en conserver la nuit dans une chambre où l'on cou-
cherait, car on pourrait être asphyxié tout comme si on avait
allumé un réchaud de charbon avant de s'endormir.

Dans l'obscurité, au lieu d'absorber l'acide carbonique, les
plantes absorbent l'oxygène, dont elles s'assimilent une partie
qui est nécessaire aussi pour leur nutrition.

Mais, chez les plantes en croissance, la quantité de l'acide
carbonique absorbé et de l'oxygène exhalé pendant le jour, est
extrêmement supérieure à la quantité de l'oxygène absorbé
et de l'acide carbonique exhalé pendant la nuit.

98. Est-ce là tout ce que les plantes puisent dans l'atmosphère ?

Il est possible, comme on le prétend, qu'elles y puisent aussi
directement de l'azote. Mais la question est encore incertaine
et débattue, tandis qu'il est certain que les plantes absorbent
de l'azote sous forme d'ammoniaque (azoture d'hydrogène) et
d'azotates ou nitrates salins dissous dans l'eau qu'elles pompent
par leurs racines.

99. D'où viennent cette ammoniaque et ces azotates ?

L'ammoniaque est fournie au sol en partie par les eaux de
pluie et de source, et surtout par la décomposition des engrais organiques, qui fournissent aussi les azotates. Nous en
parlerons en traitant de ces engrais.

100. Sont-ce là tous les aliments que les plantes puisent dans le sol?

Il s'en faut de beaucoup. Le sol contient une certaine quantité d'éléments minéraux salins que les plantes absorbent et
qu'on retrouve dans leurs cendres. Écoutons à cet égard MM. Girardin et Dubreuil :

« Ces substances minérales ne sont pas accidentelles dans les
plantes ; elles leur sont nécessaires, et chaque espèce semble
exiger, pour son entier développement, des sels d'une nature

particulière et en quantité variable. C'est ainsi que les légumineuses fourragères veulent absolument du sulfate de chaux pour donner d'abondants produits ; que le tabac, les pois, les fèves, presque toutes les espèces ligneuses, réclament impérieusement de la chaux ; tandis que le maïs, les navets, les betteraves, les pommes de terre, les topinambours, la vigne, veulent au contraire de la potasse...

« La végétation ne peut être complète, c'est-à-dire qu'un végétal ne peut parcourir toutes les phases de son existence et donner des graines mûres et fécondes, sans la présence dans le sol des substances salines identiques à celles qu'on trouve dans ses organes à l'état normal. Qu'on essaye de faire venir du blé dans un sol dépourvu de phosphates et de silicates alcalins et terreux, la plante périra avant de fructifier. Qu'on sème du seigle, de l'avoine, dans du calcaire ne contenant ni silice soluble, ni phosphates : les tiges ne s'élèveront pas au delà de quelques centimètres.

« D'après des expériences récentes, il faut sept substances minérales dans le sol (potasse, chaux, magnésie, oxyde de fer, silice, acides phosphorique et sulfurique) pour que l'avoine fleurisse ; et il en faut deux autres (soude et phosphate) pour qu'elle fructifie, indépendamment, bien entendu, d'un sel ou d'un composé contenant l'azote dans un état convenable. »

101. Le sol contient-il toujours tous les aliments que réclament les plantes ?

Malheureusement non. D'abord les débris organiques et l'humus n'y sont pas à l'état stable. Lors même que les plantes ne les absorbent pas, ils vont toujours se consumant peu à peu au contact de l'air, et ce qu'ils contiennent d'organique finit par se résoudre en acide carbonique, en ammoniaque et en eau qui se perdent dans l'atmosphère.

Quant aux éléments salins, beaucoup de terrains manquent par eux-mêmes d'un ou plusieurs d'entre eux, soit de phosphates, soit de calcaire, de silice, etc. Ceux mêmes qui les possèdent, si ce n'est pas à l'état prédominant, arriveraient à la longue à en être épuisés par les récoltes. Écoutons encore ici MM. Girardin et Dubreuil :

« Un terrain perd infailliblement sa fertilité si on ne lui restitue pas périodiquement toutes ces matières salines, et notamment les phosphates et les alcalis qu'enlève au sol chaque récolte nouvelle. C'est par les engrais qu'on répare les pertes de ce genre. Les exemples d'une production décroissante de certaines contrées dans lesquelles on a manqué à ce principe sont assez nombreux. A force d'avoir tiré des blés de la Sicile et de l'Afrique, sans y jamais rien remettre pour les entretenir au même

état de production, les Romains ont fini par frapper d'une sté-
rilité complète ces contrées, qu'ils regardaient comme leurs
greniers. Les champs autrefois si riches de la Virginie, dans
l'Amérique du Nord, ne produisent plus ni froment ni tabac.
Et l'épuisement, sous le rapport des phosphates, peut seul
expliquer l'effet prodigieux que produit en Angleterre, en Alle-
magne et en Suisse, l'emploi des os moulus, en Bretagne, celui
du noir des raffineries. »

Nous avons tenu à citer ces deux passages, parce qu'ils sont
assez clairs pour qu'on les comprenne sans être chimiste, et
qu'ils précisent exactement le rôle si important des engrais
salins dans l'agriculture.

102. Comment remédie-t-on à l'insuffisance et à l'épuisement du sol ?

Par les engrais. L'idéal, auquel peut-être on arrivera plus
tard, serait de connaître exactement les aliments que réclame
chaque espèce de plantes cultivées, et la composition du sol dans
lequel on la cultive. On pourrait ainsi suppléer, par des engrais
choisis et dosés avec précision, à ce qui manquerait au sol pour
nourrir tout à fait la plante. Mais quoique la science soit dans
la bonne voie à cet égard, elle n'est pas parvenue encore au
degré de perfection où il sera possible d'agir ainsi à coup sûr et
économiquement. En attendant, on applique les engrais connus,
et à la portée des cultivateurs, en tâchant de les distribuer le
plus judicieusement possible, selon les cas.

103. Y a-t-il des plantes plus épuisantes les unes que les autres ?

Certainement, suivant qu'elles empruntent plus ou moins
leurs aliments au sol. Celles qui les empruntent de préférence
à l'atmosphère sont dites cultures améliorantes, parce que
leurs débris et surtout leurs racines laissent dans le sol plus
d'éléments nutritifs qu'elles n'y en ont trouvé. Telles sont les
légumineuses fourragères et surtout les luzernes. En général
les plantes, tant qu'elles poussent en feuilles, empruntent plus
à l'atmosphère qu'au sol. Tel est le principe sur lequel sont
fondés les engrais verts, dont nous parlerons plus loin. Au contraire, les plantes à grosses racines que l'on arrache et celles
qu'on laisse aller jusqu'à la maturation de leurs graines, empruntent davantage au sol et elles sont épuisantes. Cependant
les racines sarclées (pommes de terre, betteraves, carottes, etc.),
quoiqu'épuisant les éléments nutritifs du sol, peuvent l'améliorer
au point de vue du nettoyage et de l'ameublissement, par les
binages et les sarclages qu'on est obligé d'y appliquer.

CHAPITRE VIII

DES AMENDEMENTS (1).

104. Le sol ne joue-t-il d'autre rôle dans la vie des plantes que de servir à leur nutrition?

Il sert aussi de siége aux racines, et il convient d'en parler d'abord à ce point de vue.

105. Quelles qualités doit posséder le sol pour bien servir de siége aux racines ?

Ces qualités varient suivant les plantes que l'on cultive. Ainsi les luzernes veulent un sol profond pour piquer leurs racines, les blés un sol un peu compacte pour affermir les leurs, etc. Mais, en général, ce qui convient le mieux aux plantes, ce sont des qualités moyennes, un terrain ni trop compacte ni trop meuble, ni trop lourd ni trop léger, ni trop humide ni trop sec, etc.

106. Par quels moyens peut-on améliorer le sol à ce point de vue ?

Par le drainage, dont nous avons dit quelques mots, et par les *amendements*.

On désigne sous ce dernier nom les substances dont l'emploi produit des améliorations qui s'exercent sur le sol par suite de leurs mélanges ou de leurs additions, lesquels sont faits dans le but d'en modifier les qualités physiques sans avoir positivement en vue l'alimentation des plantes : ainsi, augmenter l'humidité des terres sèches, diminuer celle des terres humides ; accroître la ténacité des terres légères, diminuer celle des terres fortes, etc., ce sont là des opérations qui ont pour but d'amender les terres.

107. Quels sont les matériaux les plus convenables pour amender les sols argileux, tenaces et froids ?

Les terres argileuses sont amendées avec les sables, les pierrailles, les plâtras de démolition, les marnes calcaires, en un mot, avec toutes les matières inoffensives ou secondairement utiles qui peuvent leur donner mécaniquement plus de division et de perméabilité.

En Angleterre, on emploie l'argile brûlée comme un amendement précieux pour les terres argileuses. Car, après sa calcination au rouge, cette substance change de caractère; elle est poreuse, sans ténacité, ne retient plus l'eau; et loin de rendre le sol plus compacte et plus difficile à égoutter, elle le rend

(1) Girardin et Dubreuil, t. I, p. 236-285 ; *Livre de la Ferme*, t. I, p. 81.

plus meuble et plus perméable. Déjà on suit cette méthode en France.

108. Comment amende-t-on les sols légers, siliceux et secs ?

Avec de l'argile, qui leur donne de la cohésion. On emploie surtout dans ce but des marnes argileuses, parce que l'épandage et le mélange des argiles pures seraient par trop difficiles. Les irrigations, les plantations constituent aussi des amendements, en ce qu'elles tendent à donner plus d'humidité au sol. Le drainage lui-même amende les terres et ce n'est pas un de ses moindres mérites.

109. Les amendements que vous venez d'énumérer ne contribuent-ils pas aussi à la nutrition des plantes?

Oui, sans doute, car on en retrouve les éléments dans les cendres de ces mêmes plantes brûlées. Mais on les appelle amendements quand on les considère par rapport à leur action mécanique et physique sur le sol ; et engrais, quand on les considère par rapport à la nutrition des végétaux.

110. Quelles sont les conditions à observer lorsqu'on se propose d'amender un sol?

Il faut calculer la dépense et s'assurer si l'augmentation du produit compensera le travail et donnera un bénéfice.

Si les matériaux sont à proximité et coûtent peu pour leur extraction et pour leur transport, on ne doit pas hésiter à les employer.

La quantité que l'on en doit répandre varie suivant la profondeur des labours; plus ils seront profonds, plus la quantité d'amendements appliquée devra être grande.

CHAPITRE IX

DES ENGRAIS.

111. Arrivons maintenant aux engrais. Et d'abord comment les classe-t-on ?

Les engrais peuvent être divisés en deux grandes classes, d'après la nature des matières qui les constituent : 1° engrais minéraux ou inorganiques; 2° engrais organiques, c'est-à-dire provenant des corps organisés, végétaux ou animaux.

1. Des engrais inorganiques ou minéraux (1).

112. Quels sont les principaux engrais inorganiques ?

Ce sont la chaux, la marne, la craie, le plâtre. On admet aussi comme tels les vases et les curures de rivières, de fossés, d'étangs et de mares, les tangues, les boues, les terres des routes et des chemins, etc. Les cendres et les suies, bien que provenant du bois, sont ordinairement rangées dans la même catégorie, à cause de la nature minérale de leurs éléments.

113. La chaux. — Qu'est-ce que la chaux ?

C'est de la pierre à chaux ordinaire ou calcaire grossier qu'on a fait cuire au four (2).

114. Peut-on l'employer immédiatement ?

Non, en général, car si elle entrait à l'état de chaux vive, en contact avec les plantes et les semences, elle les brûlerait. Il faut préalablement l'éteindre. On y parvient en la mettant en tas sous des hangars, où l'humidité de l'air suffit pour la faire fuser et la réduire en poudre. Alors on la sème sur les champs, soit à la main (en enveloppant de linge ou d'un gant la main du semeur, autrement elle serait brûlée), soit plutôt avec un semoir spécial qui la répartit plus également.

On porte encore la chaux vive sur les terres, on l'y dépose en petits tas qu'on recouvre de terre et qu'on laisse fuser ainsi pendant une vingtaine de jours. Lorsqu'elle est réduite en poudre, on la mêle avec la terre et on la répand à la pelle ; puis on la mélange au sol par des hersages réitérés, qu'on fait suivre de plusieurs labours alternativement profonds et superficiels.

Mais la méthode la plus estimée en Flandre est celle des composts : on fait des lits de chaux vive alternés avec des lits de gazons, de curures d'étangs, de tourbe, de balayures de routes et autres terres riches en matières organiques. On recouvre le tas d'une couche de terre et on laisse la chaux s'éteindre. Au bout d'une quinzaine de jours, on commence à mélanger et à brasser le tout ensemble. On recoupe le compost une seconde fois avant l'emploi, qu'on retarde autant que possible, parce que l'effet sur le sol est d'autant plus puissant que le mélange est plus ancien et plus parfait (3).

---

(1) *Livre de la Ferme*, t. I, p. 81-89 ; Girardin et Dubreuil, t. I, p. 309-380.

(2) Cette cuisson a pour effet d'enlever au carbonate de chaux son acide carbonique et son eau de composition. La chaux vive reprend avec avidité ces éléments que la cuisson lui a fait perdre ; de là, le phénomène qui se passe quand on éteint de la chaux.

(3) Nous empruntons ce renseignement et plusieurs autres à l'excellent *Traité du sol, des amendements et des engrais*, par M. F. Girardin, Paris, Victor Masson.

115. Quels sont les bons effets de la chaux ?

Comme amendement elle ameublit le sol, et doit à cet égard s'appliquer surtout aux terres argileuses.

Comme engrais elle fournit du calcaire aux terres qui en manquent, et s'applique ainsi aux terrains argileux et siliceux.

Enfin, la chaux contribue énergiquement à la décomposition des matières animales et végétales; elle hâte la conversion des fumiers en terreau, et neutralise l'acidité qui rendait les terrains tourbeux et les landes de bruyères impropres à la culture.

La chaux est indispensable pour la bonne végétation des trèfles, des luzernes et des sainfoins. Sur les céréales, sur le froment surtout, elle a une action favorable; elle rend le grain plus beau, la farine plus blanche et la paille plus nutritive et plus goûtée des animaux.

116. En quelle quantité doit-on l'employer ?

C'est très-variable, suivant la nature des terrains. Les argiles surtout la réclament en notable quantité. En général, on doit compter de trois à cinq hectolitres par an et par hectare ; de sorte que si on ne chaule que tous les cinq ans, la quantité à appliquer varie entre quinze et vingt-cinq hectolitres.

117. Y a-t-il du choix à faire pour la chaux dont on se sert?

Oui. Les chaux *grasses*, qui sont les plus pures, ont plus d'action et de durée que les chaux *maigres*, c'est-à-dire celles qui contiennent de l'argile et des matières étrangères. Pour les reconnaître, il suffit d'en éteindre un morceau dans l'eau : la chaux grasse dégagera beaucoup de chaleur, fusera très-vite et ne laissera pas de résidu terreux; la chaux maigre aura les caractères opposés.

118. La marne. — Parlez-nous de la marne.

Nous avons déjà vu (n° 73) que la marne se compose d'un mélange de calcaire et d'argile en proportions diverses. Les marnes argileuses servent d'amendement aux sables, et les marnes calcaires s'emploient surtout dans les terrains argileux, auxquels elles donnent le calcaire qui leur manque en même temps qu'elles les ameublissent.

On pense aussi que les marnes, comme la craie et la plupart des roches calcaires, contiennent souvent, en faible quantité il est vrai, du phosphate de chaux qui est absolument nécessaire à la nourriture des plantes, et qu'il est dispendieux de leur procurer directement (1).

119. Si la marne est introduite dans les terrains argileux pour leur donner du calcaire, en quoi diffère-t-elle de la chaux ?

L'effet qu'on attend de toutes les deux est le même. Mais la

1) Voyez Bidard, *Mémoire sur la marne considérée comme engrais*, Rouen, 1862.

marne est souvent plus à la portée du cultivateur. De plus elle se délite naturellement à l'air et à la pluie, et cela constitue dans son emploi une grande économie en comparaison de la chaux qu'il faut faire cuire. C'est pourquoi, dans la plupart des cas, l'emploi de la marne est préféré, quoiqu'elle soit beaucoup moins énergique que la chaux.

120. Les marnages et les chaulages peuvent-ils remplacer le fumier?

Non. La marne et la chaux, au contraire, aident à la décomposition du fumier. La marne est un moyen de faire produire par le fumier qu'on donnera aux terres de plus abondantes récoltes ; mais il faut se garder de croire qu'on n'aura pas besoin de fumer les terres marnées. Un marnage sans fumier peut donner une vigueur passagère à la terre en aidant à la consommation du peu d'éléments nutritifs qu'elle possédait encore ; mais bientôt il la laisse plus appauvrie qu'avant. Les gens qui ont fait la faute de marner ainsi ont donné lieu à ce proverbe : *La marne enrichit les pères et appauvrit les enfants.* Répondons, d'après ce qui précède : *La marne ne dispense pas du fumier, mais elle en augmente l'effet.* Chaque fois qu'on ne perdra pas ce principe de vue, la marne enrichira ceux qui sauront s'en servir.

121. Quand et comment doit-on marner ?

On marne généralement en automne, pendant l'hiver et pour mieux dire quand on le peut. On dépose la marne sur la terre en petits tas égaux, à 6 mètres environ les uns des autres. Quand ils ont commencé à se déliter, on les étend aussi également que possible ; et quand la marne est bien délitée et presque sèche, on l'enterre par un labour moyen ou profond, suivant l'effet qu'on veut en obtenir, ou à l'aide du scarificateur.

122. Quelle quantité de marne doit-on employer ?

La dose varie ; elle est d'autant plus grande que la terre est plus argileuse et la marne moins riche en calcaire. Dans le département du Nord, un marnage à raison de 166 hectolitres par hectare dure jusqu'à vingt ans. Dans la Brie, il ne dure que de sept à dix ans. On s'aperçoit qu'il est épuisé quand la terre ne porte plus de chardons, et surtout lorsque l'oseille sauvage y pousse beaucoup. On recommande comme une très-bonne pratique de répandre moins de marne à la fois et de marner plus souvent.

123. La craie peut-elle remplacer la marne et la chaux ?

Oui, car la craie est un calcaire. Il faut avoir soin de la répandre et de l'enfouir par un beau temps, sans quoi la pluie la réduirait en bouillie et l'empêcherait de se mélanger utilement à la terre.

124. Le plâtre. — Quelle est l'action du plâtre sur la végétation ?

On ne saurait l'expliquer précisément, mais il est certain qu'elle est très-vive sur certaines plantes, et qu'elle peut en doubler la récolte.

Le plâtre réussit surtout sur les plantes de la famille des papilionacées ou légumineuses, et des crucifères (V. n° 21) ; sur le chanvre, le lin, le sarrasin ; peu sur les prairies naturelles et nullement sur les céréales.

125. N'a-t-il pas quelques inconvénients ?

Des pois ou des haricots plâtrés sont plus difficiles à cuire, et on est obligé d'ajouter dans l'eau un peu de soude ou de potasse. Les fourrages plâtrés purgent un peu les animaux ; mais ces inconvénients sont plus que compensés par la supériorité du rendement.

126. Comment doit-on employer le plâtre ?

En poudre. On a pensé d'abord qu'il devait forcément être cuit ; mais l'observation a prouvé la valeur égale du plâtre cru et pulvérisé. On peut employer de même les vieux plâtras pulvérisés aussi.

127. A quelle dose et comment l'emploie-t-on ?

On n'en doit pas mettre plus de 200 kilos par hectare. On le sème au printemps lorsque les plantes sont déjà en végétation, en évitant les temps de pluie et en profitant de la rosée du matin ou du soir pour qu'il s'*attache* aux feuilles.

Certains agronomes prétendent qu'on ferait tout aussi bien de l'enterrer dans le sol avant les semailles. C'est là une grave erreur : dans l'un ou l'autre cas les effets ne sont pas du tout les mêmes.

128. La tangue, le sel marin, etc. Qu'appelle-t-on *tangue, trez, merl ?*

Ce sont certains sables marins dont on se sert en basse Normandie et en Bretagne pour fumer les terres. Ils servent à la fois d'amendement, comme ameublissant les terres, et d'engrais, parce qu'ils renferment des détritus de matières végétales et animales, de varechs, de coquilles, etc., et du sel marin.

129. Le sel marin est donc un engrais ?

Oui, pourvu qu'on l'emploie avec discernement, car à haute dose il stérilise la terre. 200 kilos de sel répandus sur un pré humide en améliorent le fourrage et le font rechercher par les animaux. On améliore aussi les fumiers et les purins en les salant modérément. Ils s'en conservent mieux et dissipent moins leurs principes fécondants.

130. Les curures de rivières et de mares sont-elles de bons engrais ?

Oui, car elles sont pleines de débris de plantes, de vers et de matières fertilisantes. Seulement, il faut les laisser sécher à l'air avant de s'en servir; autrement elles brûleraient les récoltes.

131. Et les boues des rues, les terres des chemins ?

Elles sont bonnes partout, car outre l'élément terreux, elles contiennent une foule de détritus de toute espèce. Le sable des routes, qui provient de cailloux pulvérisés, est un excellent amendement des argiles, et l'on a le plus grand tort de le laisser perdre.

132. Les cendres. — Les cendres peuvent-elles être utilisées comme engrais ?

Ce sont des engrais excellents. Mais il y en a de bien des espèces : cendres de houille, de tourbe, de bois, charrées ou cendres ayant servi à faire la lessive.

133. Quel est l'effet des cendres de houille ou de charbon de terre ?

Ces cendres sont en général assez pauvres, et ne servent guère qu'à stimuler les terres froides et argileuses. Leur effet ne dure qu'un an.

134. Et les cendres de tourbe ?

Elles sont fort employées en Belgique, dans le nord de la France, etc., où elles font merveille sur les prairies tant naturelles qu'artificielles.

135. Et les cendres de bois?

C'est un engrais très-énergique, à raison des sels de potasse et de soude qu'elles contiennent, et qui entrent dans la constitution des plantes. Toutes les cultures, mais surtout les vignes, se trouvent bien de leur emploi. Elles amendent puissamment les terres argileuses et font disparaître des prés les joncs et les fourrages aigres que l'humidité y entretient. Seulement, à l'état de cendres vives, elles sont trop recherchées par l'industrie pour qu'on puisse les appliquer en grand à l'agriculture. A l'état de *charrées* ou de cendres lessivées, elles sont encore d'un usage très-utile, et des agronomes prétendent même qu'ainsi éteintes, elles ont moins d'inconvénients, et qu'il n'est pas à craindre qu'elles brûlent les plantes.

On mêle les charrées avec les fumiers ou les composts, ou on les répand sur les prairies à raison d'environ 25 hectolitres par hectare. Leur effet dure cinq ans à peu près.

136. Puisqu'on utilise les charrées, doit-on laisser perdre les eaux de lessive ?

On doit bien s'en garder. Trop souvent on perd ainsi des matières fertilisantes. Les eaux de lessive et ajoutons les eaux de savon, étendues de plusieurs fois autant d'eau simple, sont excellentes pour l'arrosage des composts.

137. Et la suie ?

Encore un engrais précieux trop souvent perdu chez nous. En Flandre on la réserve pour les pépinières de colza, dont elle écarte l'altise ou puce de terre. En Angleterre on la répand sur les prairies, où elle excite la végétation et détruit la mousse. Dans ce pays on a obtenu avec la suie jusqu'à trois fortes coupes de trèfle par an.

La suie de charbon de terre est plus énergique que celle de bois.

138. Sont-ce là les seuls engrais inorganiques?

Il y en a bien d'autres. Par exemple, on pourrait tirer un grand profit des eaux ammoniacales qui s'échappent des usines à gaz ; elles contiennent des sels extrêmement fertilisants.

En général, un cultivateur soigneux peut recueillir pour ses terres une foule de déchets et de débris que les établissements industriels laissent perdre. Mais il fera bien de s'adresser, avant de s'en servir, aux hommes compétents, aux chimistes, toujours disposés à l'aider de leurs renseignements.

§ 2. Engrais organiques (1).

139. Nous voici arrivés aux engrais organiques ; quel est leur rôle?

De fournir de l'humus et de l'*azote*. L'azote à l'état simple est gazeux, fait partie de l'air atmosphérique et, combiné avec d'autres corps, il fait la base de toute l'organisation des animaux. Les plantes ont aussi des éléments azotés, bien qu'en plus petite quantité, tels que le *gluten* des farines de blé, la *légumine* des pois et des fèves, etc.

La présence de ces éléments ajoute une grande valeur nutritive aux produits végétaux qui servent de nourriture à l'homme et aux animaux, et il est essentiel que les engrais fournissent l'azote nécessaire aux plantes, afin qu'elles puissent le faire entrer dans leurs combinaisons, l'assimiler dans leurs tissus.

140. Mais si l'azote est nécessaire à la végétation, comment les plantes sauvages se le procurent-elles ?

Les pluies contiennent toujours un peu d'ammoniaque. On a calculé qu'un hectare de terre en reçoit 30 kilogrammes environ par an. — Peut-être aussi les plantes absorbent-elles par leurs feuilles une certaine quantité d'azote atmosphérique. Mais tout cela serait insuffisant pour ce qu'on exige des plantes cultivées ; et on attache une telle importance à leur fournir des engrais azotés, qu'on a comparé tous les engrais entre eux sous ce rapport, en prenant pour type le fumier de ferme, afin de donner la prééminence aux plus riches en azote.

(1) Voyez Girardin et Dubreuil, t. I, p. 380-402.

141. Comment les engrais fournissent-ils l'azote aux plantes ?

Surtout sous forme d'ammoniaque, qui est le dernier résultat de la décomposition de leurs principes azotés. L'odeur piquante et **caractéristique** de l'ammoniaque se sent dans les étables et sur les fumiers. Chacun en connaît les effets sur les organes respiratoires, car il n'est personne qui n'ait eu occasion de sentir de l'alcali volatil, qui n'est autre que de l'ammoniaque liquide ou, si l'on veut, de l'eau contenant ce gaz en dissolution.

142. Quelle est la condition générale de l'emploi des engrais organiques ?

Leur principal but étant de fournir aux plantes l'humus et l'ammoniaque, qui sont les derniers résultats de leur décomposition, il faut favoriser cette décomposition et ne donner à la terre que des engrais déjà en fermentation, ou mieux, prêts à y entrer quand ils seront enfouis.

Des engrais qui ne se décomposeraient pas ne seraient d'aucune utilité. Mais cependant il ne faut pas que cette décomposition soit trop avancée. L'ammoniaque est très-volatile et se perd facilement dans l'air. Quand, au contraire, les engrais sont enfouis, l'ammoniaque qui se dégage est retenue dans la terre, surtout si celle-ci est argileuse.

143. Quelle est la grande division des engrais organiques?

On les divise en engrais végétaux, en engrais animaux et en engrais mixtes, suivant les substances qui les composent.

144. Engrais végétaux (1). — Quels sont les principaux engrais végétaux ?

Ce sont les engrais verts, les débris de récoltes, les tourteaux, les marcs, etc.

145. Engrais verts. — Qu'appelle-t-on engrais verts ?

On appelle ainsi des plantes qu'on cultive exprès pour les enfouir dans le sol avant leur maturité. L'engrais qui en provient est froid et humide, et par conséquent convient surtout aux terres sèches et chaudes. Aussi cette méthode est-elle beaucoup plus usitée et plus profitable dans le midi de la France et jusqu'aux environs de Paris que dans le nord. Le midi a, de plus, l'avantage de pouvoir cultiver les plantes qu'il destine à l'engrais vert en *récoltes dérobées,* c'est-à-dire en secondes récoltes qu'on introduit après que la récolte principale a été enlevée ; tandis que dans le nord, le temps de la végétation est trop court et les moissons trop tardives pour qu'on puisse toujours agir

---

(1) Voy. Girardin et Dubreuil, t. I, p. 530-557 ; et le *Livre de la Ferme,* t. 1 p. 29-42.

ainsi. Cependant, quand on manque d'engrais, soit au début d'une exploitation agricole, soit accidentellement, les récoltes enfouies peuvent rendre de grands services. On les applique encore avec succès aux champs éloignés de la ferme ou d'un accès difficile aux voitures de fumier.

146. Quelles sont les plantes qu'on cultive le plus spécialement pour cet objet?

On doit choisir des plantes qui réunissent la triple condition : 1° de ne pas épuiser la terre et d'emprunter plutôt leurs éléments à l'atmosphère, c'est-à-dire d'avoir peu de racines et beaucoup de feuilles; ces plantes enfouies restituent au sol plus qu'elles ne lui ont pris; 2° de pousser très-vite, afin de ne pas occuper le sol trop longtemps; 3° de ne pas coûter cher de semence.

147. Citez les principales.

Dans le Midi on emploie le lupin blanc. Il se sème à l'automne ou au printemps, à raison de 2 hectolitres et 1/2 par hectare. On l'enfouit quand il est en fleur, puis on roule et on laboure. Il est d'un excellent effet surtout pour les vignes. Mais dans le Nord il vient mal.

Le sarrasin est d'un usage plus universel, parce qu'il vient bien au Nord comme au Midi. Un hectolitre suffit par hectare et la graine est à bon marché. Cinquante jours suffisent pour que la fleur paraisse et qu'on puisse l'enterrer. Il aime les terres légères et ne redoute pas les sols pauvres, mais les terres fortes ne lui conviennent pas. Il est précieux, bien qu'inférieur comme engrais au lupin.

On peut enterrer comme engrais verts, le trèfle, la vesce, le colza, la navette, la spergule, les moutardes blanche et noire. Ces deux dernières sont un engrais fort recommandable et de la culture la plus simple : on peut en faire une récolte dérobée, même dans le Nord.

148. Débris de récoltes. — Qu'entend-on par débris de récoltes?

Les pailles, les balles, les fanes, les racines, en un mot, tout ce qui n'est pas utilisé.

Il faut, le plus qu'on peut, les laisser sur le champ, afin de rendre le plus possible à la terre de ce que la récolte lui a pris.

Une bonne luzernière laisse dans le sol, quand on la détruit, 37,000 kilos de racines par hectare. On comprend combien le sol serait appauvri, si on les lui enlevait.

Les pailles sont employées comme fourrage ou comme litières, mais elles reviennent sous forme de fumiers.

Quant aux fanes de toute espèce, de colza, de pommes de terre, aux feuilles de betteraves, etc., les cultivateurs ont trop souvent l'habitude de les enlever. On ne se plaindrait pas tant que le colza ruine les terres, si, au lieu d'en tirer un maigre combustible pour les fours, on en enfouissait les fanes au premier labour, après les avoir fait écraser par le piétinement des animaux et les roues des voitures dans les cours ou sur les chemins.

149. Tourteaux, marcs, etc. — Parlez-nous des tourteaux.

Ce sont les résidus des semences employées à la fabrication de l'huile. On préfère pour l'engrais ceux de colza, d'œillette, de cameline, de sésame et d'arachide dans le Midi, aux tourteaux de lin, de hêtre et de chènevis.

Pour les employer, on les pulvérise entre deux meules, on les délaye en bouillie avec de l'eau ou plutôt du purin, puis on les répand sur le terrain nu, on passe la herse et quelques jours après on peut semer.

Ce sont des engrais très-puissants, car ils contiennent, sauf l'huile qu'on a extraite, tous les éléments qui étaient condensés dans les graines. Ils sont riches en azote.

On leur attribue aussi la vertu d'écarter les insectes des champs où l'on en a semé.

Le seul obstacle à l'usage des tourteaux, c'est qu'ils sont chers, parce qu'ils servent aussi à la nourriture des animaux, et que la fraude les dénature souvent.

Les cultivateurs ne sauraient trop se méfier, surtout quand ils achètent des tourteaux tout pulvérisés.

Aux tourteaux proprement dits, on doit joindre, comme possédant les mêmes qualités, les touraillons des germes d'orge qui ont servi à fabriquer la bière.

150. Parlez-nous des marcs.

Les marcs de raisins qui ont servi à la distillation des eaux-de-vie sont cuits, et on les donne aux animaux. Les marcs qui ont fait le vin, les marcs de pommes et de poires qui ont fait le cidre et le poiré ne doivent pas être perdus, bien qu'ils n'aient pas grande vertu. Mais il faut d'abord les laisser fermenter à l'air ou les mélanger de chaux pour leur faire perdre leur acidité.

151. Citez encore quelques engrais végétaux.

Les varechs ou goëmons qu'on récolte sur les rivages de la mer sont pour les côtes un engrais excellent, très-riche, préférable à tout autre engrais végétal. On les emploie verts, secs, en cendres, etc. Mais ils ne sont applicables qu'aux campagnes des bords de la mer.

Dans le Midi on emploie de même toutes sortes de plantes coupées, même du buis. Les roseaux de marais y sont fort estimés; ils contiennent beaucoup d'azote.

Dans le voisinage des féculeries, des sucreries et des distilleries, il faut se garder d'en perdre les eaux et les résidus liquides, car ils contiennent tout ce que la pomme de terre ou la betterave a tiré du terrain, la fécule se composant seulement d'eau et d'éléments empruntés à l'atmosphère. Les eaux où l'on a fait rouir le lin et le chanvre ont aussi des vertus fertilisantes.

152. Engrais animaux (1). — Citez les principaux engrais animaux.

Ils sont simples ou mixtes. Les principaux engrais animaux simples sont : l'engrais humain, l'engrais des moutons parqués, la colombine et le guano, les débris d'animaux, comme on en recueille dans les abattoirs, le sang desséché, etc., tc.

153. Engrais humain. — Qu'est-ce que l'engrais humain ?

C'est le produit des déjections de l'homme, tant solides que liquides. Cet engrais est un des plus énergiques ; 10 voitures d'engrais humain employé frais équivalent à 25 voitures de fumier. Malheureusement, il répugne tellement aux hommes de s'en servir et de le manipuler, qu'il est peu de pays où l'on consente, comme on fait en Alsace où l'on s'en trouve fort bien, à l'employer tel qu'il sort des fosses d'aisances.

Les Flamands le mélangent avec de l'eau ; il forme alors ce qu'on appelle l'engrais flamand ou courte graisse.

Les Chinois le pétrissent avec de l'argile.

En France, on en fait surtout de la poudrette.

Mais il est essentiel que chacun s'applique à vaincre ses répugnances et à en tirer parti, car les récoltes ayant presque toutes pour but, direct ou indirect, la nourriture de l'homme, c'est cet engrais qui peut le mieux restituer à la terre ce que les récoltes lui ont enlevé.

On serait effrayé si l'on calculait la somme que l'agriculture perd chaque année en le négligeant.

Le jour où l'on parviendrait à employer directement les vidanges sur le sol ou sur les fumiers, la France produirait de quoi nourrir plusieurs millions d'habitants de plus qu'aujourd'hui.

154. Qu'est-ce que la poudrette ?

La poudrette est faite avec les déjections humaines, séchées au soleil, puis battues et pulvérisées. Elles forment ainsi une poudre noire qui est mise dans le commerce et pèse, quand elle est bonne, de 70 à 80 kilog. l'hectolitre.

Mais, s'il vaut mieux avoir recours à cette fabrication que de laisser perdre tout à fait les matières fécales, elle a cependant deux grands inconvénients : le premier, c'est que la plus grande

(1) Voy. Girardin et Dubreuil, t. I, p. 467-538 ; et *Livre de la Ferme*, t. I, p. 42-65.

partie et la plus énergique, celle qui contient le plus de principes fertilisants, se perd soit dans des conduits allant à la rivière porter l'urine, soit dans l'air par le desséchement, et qu'on n'a plus un engrais, mais seulement un résidu d'engrais; le second, c'est que cette poudre, déjà moins active qu'il ne faudrait, n'est pas souvent livrée pure au cultivateur. La fraude s'en empare et la mélange avec des terres noires, des charbons de tourbe, etc., qui ont le même aspect, mais ne produisent pas les mêmes effets.

155. Y a-t-il moyen de se garantir de la fraude ?

Oui; l'administration fait surveiller les engrais du commerce (1). On doit avoir recours aux moyens d'analyse qu'elle met à la disposition du public et n'acheter d'engrais que sur factures qui en détaillent et en garantissent la qualité.

156. Comment emploie-t-on la poudrette ?

Comme elle contient des matières solubles (qui se dissolvent ou se fondent dans l'eau), il faut d'abord la conserver à l'abri. On l'applique en automne ou au printemps, mais seulement aux cultures annuelles, parce que son effet ne dure guère plus.

On en applique de 20 à 40 hectolitres par hectare, et plus à l'automne qu'au printemps.

La poudrette convient surtout aux terrains argileux.

157. Quel est l'emploi de l'engrais flamand et la manière de le préparer ?

On le prépare en jetant les matières fécales dans des citernes, en les délayant de plusieurs fois leur volume d'eau et en laissant fermenter le tout pendant plusieurs mois. Puis on s'en sert pour arroser les prés et les cultures.

Cet engrais excellent ne laisse perdre aucun des principes fertilisants des matières fécales.

158. Quel avantage les Chinois trouvent-ils à pétrir les matières fécales avec de l'argile ?

Deux avantages signalés :

1° L'argile désinfecte les matières fécales;

2° Elle retient les gaz qui s'en échappent et qui en sont les éléments les plus énergiques; de façon qu'après avoir laissé sécher ce mélange on en fait une poussière extrêmement fertilisante.

On peut se servir dans le même dessein de la poussière ou de la boue séchée des chemins, macadamisés surtout, du charbon en poudre, etc.; toutes ces matières désinfectent; mais celle qui

(1) Le gouvernement a promulgué cette année même (1867) une loi pour la répression des fraudes de ce genre.

agit le plus vite et exige le moins de manipulations, est la couperose ou sulfate de fer. Il suffit d'en faire dissoudre dans un litre d'eau 2 ou 3 kilos, qui coûtent en tout 30 centimes, et de les jeter dans la fosse, pour désinfecter d'un seul coup 100 kilos de matières fécales.

Il faut insister sur ce procédé ou d'autres semblables, qui seuls parviendront à vaincre la répugnance très-naturelle des cultivateurs à cet égard.

Le sulfate de zinc conduit également à de bons résultats. Enfin, la première terre venue suffit pour désinfecter. Les moyens ne manquent pas, mais seulement la bonne volonté et le courage.

159. Parcage. — Qu'est-ce que le parcage ?

C'est une pratique qui consiste à grouper un certain nombre de moutons sur un terrain entre des cloisons mobiles, de façon à les obliger de déposer leurs déjections sur place.

Le crottin et l'urine de mouton constituent un engrais environ trois fois plus puissant, à volume égal, que le fumier de ferme ; mais il dure peu et on ne s'en sert que pour les cultures annuelles. On le rend plus faible ou plus fort, suivant qu'on laisse les moutons plus ou moins longtemps, et qu'on les presse plus ou moins dans le parc.

160. Quels sont les avantages et les inconvénients du parcage ?

Les avantages sont d'éviter les frais de transport du fumier et de tasser le sol sous les pieds des animaux. Mais ce dernier effet, très-avantageux sur les terres légères, peut devenir un inconvénient dans les terres fortes et humides, sur lesquelles, d'ailleurs, le mouton est exposé à gagner la maladie du piétin.

161. A quelle époque a lieu le parcage et quelle précaution faut-il prendre quand il est passé ?

Le parcage a lieu quand les nuits sont assez douces pour que les moutons puissent coucher dehors.

Quand il a passé sur un champ, on doit enfouir les déjections le plus promptement possible, car elles perdent beaucoup à l'air. C'est une règle rigoureuse que les cultivateurs négligent beaucoup trop. On doit excepter cependant le cas où on a fait parquer après les semailles et pour tasser le sol. Alors, il est bon de semer un peu de plâtre cuit pour fixer les gaz qui s'échapperaient sans cela.

162. Y a-t-il d'autre parcage que celui du mouton ?

Oui. On peut obtenir un parcage avec des chevaux, des porcs, des oies et avec les bêtes à cornes qu'on met en pâture, surtout quand on les fait pâturer au piquet. Mais, pour cela, le gardien doit avoir la précaution de relever et d'étendre les déjections, sans quoi elles ne profiteraient qu'à une seule place, sur laquelle il pousserait de l'herbe très-forte, il est vrai, mais le plus souvent dédaignée des animaux.

Malheureusement cette règle est encore peu suivie, et les vachers, qu'on a le tort de ne pas surveiller, perdent leur temps en fainéantise, plutôt que de faire quelque chose d'utile.

163. Colombine ou poulaitte, et guano. — Qu'est-ce que la colombine et la poulaitte ?

Ce sont les déjections des pigeons ou des volailles que l'on ramasse au colombier ou au poulailler. En général, on appelle aussi colombine les déjections de tous les oiseaux de basse-cour.

C'est un engrais d'une grande énergie, vingt fois plus puissant que le fumier.

Dans la plupart des fermes on mélange la colombine ou la poulaitte au fumier, pensant que seule elle serait trop forte et brûlerait les plantes. Cependant, elle peut rendre de plus grands services à l'état isolé : ainsi, en la semant à la volée avec ou sans mélange de terre sur un blé faible ou malade, on le fait souvent revenir en très-bon état.

164. Qu'est-ce que le guano ?

C'est une sorte de colombine produite par des oiseaux de mer et accumulée sur place depuis des siècles. On en trouve surtout sur les côtes du Pérou, du Chili et dans les îles d'Afrique. Celui du Pérou, surtout des îles Chincha, est le meilleur de tous, le plus recherché et celui qui contient le plus d'azote ; cela tient à ce que dans les pays d'où il vient il ne pleut jamais. Il égale plus de trente fois la force d'un même volume de fumier.

On le concasse à la pelle avant de le semer, quand il arrive jusqu'ici sans être entièrement pulvérisé, et on s'en sert sur les céréales et les prairies naturelles principalement.

Il est fort avide d'humidité et a besoin d'être conservé dans des bâtiments bien secs. On en applique en moyenne 300 kilos par hectare pour les céréales et 250 pour les prairies. Habituellement, on le met en deux fois sur le blé, une moitié avant les semailles, et la seconde au printemps sur la céréale en végétation. Il est reconnu aujourd'hui qu'il y a profit à utiliser le guano en mélange avec d'autres substances, plâtre, cendres, sel, ou même fumier de ferme.

Les légumineuses n'aiment pas le guano. En général, il active trop la végétation et développe plutôt la paille que le grain.

La fraude sur le guano est encore plus active que sur les poudrettes, et quand on en achète, on ne saurait se tenir trop sur ses gardes.

165. Est-il vrai que le guano soit épuisant ?

Voici la vérité : le guano, riche en principes azotés et phosphatés, en sels de soude et de potasse, ne contient pourtant pas tous les éléments dont les plantes ont besoin ; et comme il leur donne beaucoup de vigueur, elles enlèvent à la terre des substances qu'il ne lui rend pas. Il ne peut donc être que d'un usage passager, et ne dispense pas d'avoir recours au fumier de ferme et aux amendements.

166. Débris d'animaux. — Quels sont les débris qu'on emploie en agriculture ?

Tous sont utiles, il n'y a rien à perdre. Les os, les noirs de raffineries, les chairs des animaux morts, le sang, les chiffons de laine, tout est bon.

167. Quoi ! les chiffons de laine ?

C'est le plus riche en azote de tous les engrais. Deux voitures et un quart de ces chiffons vaudraient 100 voitures de fumier. Mais on en recueille trop peu pour en faire un emploi régulier. Il en est de même du sang qu'on tire des abattoirs. Liquide, il est d'un usage excellent pour arroser les prairies ou pour mélanger avec de la terre séchée au four qu'on enfouirait ensuite dans les jachères avant de semer le blé. Mais trop d'industries l'emploient pour que l'agriculture puisse l'avoir à bon marché.

168. Comment faire de l'engrais avec la chair des animaux morts ?

On les dépèce et on place les morceaux dans une fosse qu'on recouvre de chaux vive, afin d'activer la putréfaction. Au bout d'un certain temps on mélange avec le fumier. C'est un engrais très-puissant, surtout pour les terres légères, et il vaudrait mieux l'employer que de le perdre en l'enterrant ou d'abandonner les charognes aux chiens, comme on fait dans tant de campagnes.

Dans ces derniers temps, il s'est établi des chantiers d'équarrissage où l'on sèche les restes des chevaux et où on les pulvérise pour en faire de l'engrais. Ce procédé est bon si la fraude ne s'en mêle pas.

169. Comment emploie-t-on les os ?

Les Anglais les emploient simplement pulvérisés. En France, on ne s'en est pas bien trouvé. Il faut au moins qu'on les ait fait bouillir pour les débarrasser de leur graisse. Il vaut mieux en faire ce qu'on appelle du *noir animal* en les calcinant en vases clos. Le meilleur noir pour engrais est celui qui a servi dans les raffineries et qui a été imbibé de sang pour clarifier les sucres. On l'emploie énormément en Bretagne. Malheureusement la falsification le dénature aussi. Il est surtout excellent sur les sols qui manquent de calcaire, mais il est épuisant à la manière du guano.

170. Engrais mixtes (1). — Qu'entendez-vous par engrais mixtes, et quels sont les principaux ?

On entend par ce mot des engrais mélangés de matières animales et végétales ; les principaux sont les fumiers, les engrais liquides et les composts.

171. Le fumier. — Qu'entend-on au juste par *fumier* ?

On appelle fumier d'une manière générale les déjections des animaux mêlées aux litières qu'on a mises sous eux et qui se sont imprégnées des parties liquides, barbouillées des parties semi-solides, et forment un tout qui est d'autant meilleur que les mélanges sont plus complets.

172. Combien distingue-t-on d'espèces de fumier ?

Cinq principales qui sont :
1° Le fumier de cheval, de mulet, d'âne ;
2° Le fumier de bœuf et de vache ;
3° Le fumier de mouton ;
4° Le fumier de porc ;
5° Le fumier de ferme, qui est le mélange de tous les autres, suivant les proportions qui se produisent dans l'exploitation.

173. Indiquez les qualités différentes des quatre premières espèces.

1° Le fumier de cheval est le plus chaud de tous et celui qui se décompose le plus vite.

2° Le fumier de mouton, presque aussi chaud, est sujet, quand on le met en tas, à gagner le *blanc*. On appelle ainsi une fermentation sèche se terminant par l'apparition d'un champignon blanc qui détruit les éléments les plus nutritifs de la matière. Ces deux fumiers conviennent surtout aux terres froides et argileuses. Dans les terres chaudes et légères ils ne tiennent pas assez longtemps.

3° Le fumier des bêtes à cornes est plus froid, plus frais, plus aqueux, moins énergique, mais plus durable ; il convient davantage aux terres légères et chaudes.

4° Le fumier de porc est apprécié diversement par les praticiens ; les uns en font beaucoup de cas, et les autres l'estiment le plus mauvais de tous. En réalité, il est plus ou moins froid et plus ou moins actif, suivant la manière dont les porcs ont été nourris. En tout cas sa place la plus convenable est sur le tas de fumier de la ferme où on le jette habituellement ; et l'on fera bien de ne l'employer qu'après une longue fermentation, afin

____

(1) Voy. Girardin et Dubreuil, t. I, p. 404-464 ; et *Livre de la Ferme*, t. I, p. 65-81.

qu'il n'introduise pas de semences de mauvaises herbes dans les terres.

174. Quelle est la valeur du fumier de ferme ?

C'est le plus important de tous les engrais. Quand on en a assez et qu'il est bien traité, on peut se passer de tous les autres.

Dans ce mélange, les fumiers spéciaux se corrigent l'un par l'autre pour former l'ensemble. C'est de lui que Jacques Bujault a dit dans ses admirables proverbes : « A petit fumier petit grenier. — Ce n'est pas ce qu'on sème, c'est ce qu'on fume qui réussit. Sème moins et fume mieux. — Sans fumier, il n'y a point de bonnes terres ; avec du fumier, il n'y en a point de mauvaises. »

175. Avec quoi fait-on les bonnes litières ?

Avec de la paille de blé, d'orge, d'avoine, etc., des fanes de colza, de féveroles, du foin gâté, etc. A défaut, on peut se servir encore de bruyères, de tourbes, de feuilles et même de sable, de marne et de terre bien secs.

Plus les déjections de l'animal sont liquides, plus il faut de litière pour les absorber.

Les chevaux veulent être propres, il faut qu'on nettoie leur écurie tous les jours.

Les bœufs souffrent la même litière sous eux pendant des mois entiers, pourvu qu'on la recouvre de paille neuve; et le fumier s'y fait ainsi très-bien.

Cependant il est plus sain pour les animaux de vider les écuries tous les jours et les étables fréquemment, en ne laissant comme fond de litière que les parties qui ne sont pas trop mouillées.

176. Comment doit-on déposer le fumier quand il est sorti des lieux de production ?

Il faut le mettre en tas, soit dans une fosse, soit sur une plate-forme. La fosse doit être bien étanche, mais elle a en général l'inconvénient de laisser trop le fumier baigner dans le purin. La plate-forme vaut mieux.

177. Comment faut-il installer la plate-forme ?

Sur une aire bien nivelée, bien battue, ou bien pavée, ou bi-tuminée; dans tous les cas, bien étanche, un peu en pente pour que le purin coule et se rende dans un réservoir, une citerne ou une fosse, creusé au pied de la plate-forme, et d'où on le puise avec une pompe, ou simplement avec une écope, pour le rejeter sur les tas quand ils se dessèchent.

178. Comment doit-on entasser le fumier ?

En plusieurs tas indépendants les uns des autres, afin que le plus vieux ne soit pas enfoui sous le nouveau et puisse être pris le premier. On ne peut avoir moins de deux tas, et trois sont préférables.

179. Quelles précautions doit-on prendre encore ?

Deux grandes.

1° Avoir soin que le fumier soit aussi tassé que possible, pour éviter le blanc, et ne soit pas trop exposé au soleil, qui l'échauffe, le sèche et en pompe les sucs. Le mieux serait de l'installer sous un hangar, mais c'est rarement pratiqué, si ce n'est en Angleterre. Mais au moins peut-on l'installer sous de grands arbres feuillus, des noyers, par exemple, et couvrir les tas achevés de paille ou plutôt de terre. Le fumier des bords doit être retroussé de façon à imiter un vrai mur en torchis.

2° Relever autour de la plate-forme une petite digue ou au moins un bourrelet de terre glaise qui empêche les eaux pluviales de la cour de couler sur la base du fumier et d'aller se mêler au purin.

Dans beaucoup de fermes, les fumiers sont contre les étables, et l'égout des toits les lave et en enlève les éléments les plus actifs. C'est une grande faute. On doit blâmer également les cultivateurs qui laissent perdre leurs purins dans les ruisseaux du village, et dans les mares qu'ils infectent. C'est comme s'ils faisaient un trou à leur poche pour perdre leur argent.

180. Quels noms donne-t-on aux fumiers suivant leur état de décomposition ? Les fumiers gagnent-ils ou perdent-ils de la valeur dans le tas ?

Le fumier sortant de l'étable est dit *long*, *frais* ou *pailleux*. Il est rare qu'on ait l'occasion de s'en servir tout de suite. D'ailleurs le fumier frais subit dans le tas une première fermentation utile au développement de ses principes fertilisants.

Quand la paille commence à se briser, on l'appelle fumier *court* ou *gras*, et enfin quand il est tout à fait consommé, on l'appelle *beurre noir*.

Attendre pour l'employer qu'il soit arrivé à ce dernier état, est une véritable démence, car alors il a perdu plus des trois quarts de ses qualités, outre qu'il est fort difficile de le répandre également. Combien y a-t-il cependant de localités en France où on ne l'emploie pas autrement ! Dans la Haute-Saône et dans bien d'autres départements on perd presque tout le fumier qu'on produit, en suivant cette détestable méthode. Nous ne saurions trop en recommander l'abandon.

181. Y a-t-il quelques précautions à prendre pour empêcher le fumier de se détériorer en tas ?

Outre les précautions que nous avons déjà signalées, il faut le surveiller, le nettoyer et le mouiller de purin dès qu'il sèche et

que le blanc s'y met. On fera bien aussi de jeter dans le purin
de la couperose ou du plâtre. Ces substances ont pour effet de
fixer les sels ammoniacs qui se volatilisent trop facilement. Le
sel fait également bien avec le purin dont on se sert pour l'arrosage du tas ou des terres.

182. Combien faut-il de fumier de ferme pour fumer un hectare ?

La quantité varie suivant les terres, les cultures et les qualités du fumier lui-même. En moyenne, on compte 30,000 kilos
par hectare pour une bonne fumure ordinaire.

On doit avoir soin de ne pas laisser le fumier longtemps en
tas sur les terres; il s'y dessèche et laisse son empreinte sur
les places où il a séjourné; on s'en aperçoit plus tard par une
vigueur de végétation qui annonce ce que le reste du champ a
perdu à ce retard.

Quelques cultivateurs le laissent répandu sur le champ longtemps avant de l'enterrer. On pourrait appeler cela faire manger
son bien au soleil. Cette pratique détestable a, en effet, l'inconvénient de laisser s'évaporer la plus grande partie des principes fertilisants.

On doit autant que possible enfouir à mesure que l'on épand.
Cependant, quelques praticiens aiment à *fumer en couverture*;
c'est-à-dire à laisser les engrais longtemps sur le sol avant de
les enfouir. C'est une question controversée.

On ne peut fumer qu'en couverture, c'est-à-dire sans enfouir,
les cultures déjà en végétation, par exemple, les prairies naturelles. Aussi les fumures qui leur conviennent le mieux sont les
engrais terreux ou pulvérulents, et plus encore, les engrais
liquides.

183. Engrais liquides. — Quels sont les principaux engrais liquides ?

Ce sont : les purins, l'engrais flamand et le lizier.

Nous avons déjà parlé de l'engrais flamand (n° 157) et des purins (n° 179). Le plus souvent les jus de fumier ne servent qu'à
arroser les tas, si même on ne les laisse perdre tout simplement.
Cependant, les cultivateurs soigneux les recueillent avec raison,
et s'en servent à part, pour arroser les prairies. C'est un engrais
très-puissant et des plus précieux.

184. Mais cet arrosement n'a-t-il pas de graves dangers pour les
plantes ?

Ecoutez ce que répond M. P. Joigneaux : « Quand nous disons
aux cultivateurs : Ces égouts de fumier de basse-cour, dont vous
ne tirez aucun parti, constituent pourtant la quintessence de
ce fumier; ils répondent : C'est possible, ça doit être, nous
n'en disconvenons pas; mais ils sont trop forts, trop brûlants :
ils tuent les végétaux au lieu de les faire vivre.

« C'est, en effet, ce qui arrive souvent, faute de savoir s'en servir. Ce n'est pas quand il pleut que les cultivateurs songent à arroser, c'est quand il fait sec et chaud, et alors l'eau de fumier se trouve très-réduite et presque à l'état de sirop. Or, dans cet état, elle est trop épaisse et ne saurait monter dans le corps des plantes. Voulez-vous qu'elle fasse bon effet, affaiblissez-la, étendez-la avec quatre ou cinq fois son volume d'eau ordinaire, répandez-la par un temps pluvieux ou couvert, sur des prairies naturelles ou artificielles, au départ de la végétation, et vous reconnaîtrez qu'elle ne brûle pas, mais qu'elle nourrit bien. »

185. Qu'appelle-t-on *lizier ?*

C'est un engrais très-employé en Suisse. Il ressemble pour la consistance à l'engrais flamand et se compose de purins et d'eau dans lesquels on délaye les déjections des animaux. Le tout forme une boue ou bouillie liquide très-claire qu'on laisse fermenter pendant trente ou quarante jours, et dont on se sert ensuite pour arroser les prés et les céréales en végétation sur lesquels les engrais solides seraient difficiles et même impossibles à appliquer.

186. Des composts. — Qu'appelle-t-on *composts ?*

Les composts sont des mélanges d'engrais et de terres. Il y en a de bien des espèces, et chacun peut inventer le sien suivant ce qu'il a à sa portée. Ils sont bons surtout sur les prairies, bien que les terres arables en puissent profiter aussi quand ils sont bien faits. Leur avantage est qu'ils permettent de tirer parti d'une foule de choses qu'on perdrait. Le plus connu est l'engrais Jauffret.

187. Qu'est-ce que l'engrais Jauffret?

C'est un compost dans lequel entrent toutes les mauvaises herbes, les ronces, les broussailles, les feuilles, les déchets de toute espèce qu'on peut se procurer; on les met en tas et on y détermine la fermentation au moyen d'une sorte de lessive ou de liquide composé qui, dans le système, prend le nom de levain, et où il entre principalement des urines et des matières fécales délayées, de la suie, du plâtre, de la chaux, des cendres et du jus de fumier.

Chacun peut en faire soi-même; et avec ce compost, il n'y a pas une ordure, pas une balayure de la ferme, pas une mauvaise herbe des champs qui soit perdue.

Cet engrais a rendu de grands services et en rendrait d'immenses à l'agriculture, si les cultivateurs étaient assez soigneux pour le préparer (1).

(1) Sur toute cette question des fumiers et des composts, voyez l'excellent petit

CHAPITRE X

DE LA PRÉPARATION DES TERRES.

188. En quoi consiste la préparation des terres ?

En diverses façons qui ont principalement pour but de diviser et d'ameublir le sol, afin de le rendre perméable à l'air, à l'eau et aux racines des plantes qu'on veut cultiver, de le nettoyer et de le débarrasser des mauvaises herbes. Quand un sol est humide, la première, la plus indispensable de toutes les opérations, est l'assainissement. Le drainage résout merveilleusement ce premier point du problème. Les opérations les plus essentielles sont ensuite les labours, les hersages et les roulages.

§ 1. Des labours (1).

189. Qu'est-ce que labourer ?

C'est pénétrer dans le sol avec un instrument qui le coupe et le retourne en ramenant la partie inférieure à la surface et en mettant en contact avec le sous-sol la partie qui précédemment était en rapport avec l'air extérieur.

190. Quel est le but des labours ?

D'ameublir le sol, de le mélanger, au besoin, avec une partie du sous-sol, de détruire les mauvaises herbes, et enfin d'enfouir, quand il y a lieu, les engrais et les amendements.

191. Comment effectue-t-on les labours ?

Soit à bras, avec la bêche, la pioche, la fourche, la houe ; soit avec la charrue.

192. Pourquoi préfère-t-on la charrue à la bêche et comment fonctionne-t-elle ?

On ne saurait nier que le travail de la charrue ne soit moins parfait que celui de la bêche ; mais on le préfère parce qu'elle travaille beaucoup plus vite et avec une grande économie de main-d'œuvre et de frais. Une bonne charrue attelée de deux chevaux fait en un jour l'ouvrage de vingt-cinq ouvriers à la bêche. En effet, au lieu d'attaquer la terre par pelletées et de la briser, la charrue en soulève seulement de longues bandes qu'elle retourne.

---

traité de M. J. Girardin, *Des fumiers considérés comme engrais*, Paris, Victor Masson. Il donne, sous la forme la plus claire, tous les détails dans lesquels nous n'avons pu entrer ici.

(1) Voy. Girardin et Dubreuil, t. I, p. 163-211 ; et *Livre de la Ferme*, t. I, p. 91-125.

193. Expliquez les principales pièces de cet instrument et son mode d'action.

Prenons pour exemple la meilleure charrue française, l'araire de Dombasle (on appelle *araires* les charrues sans avant-train).

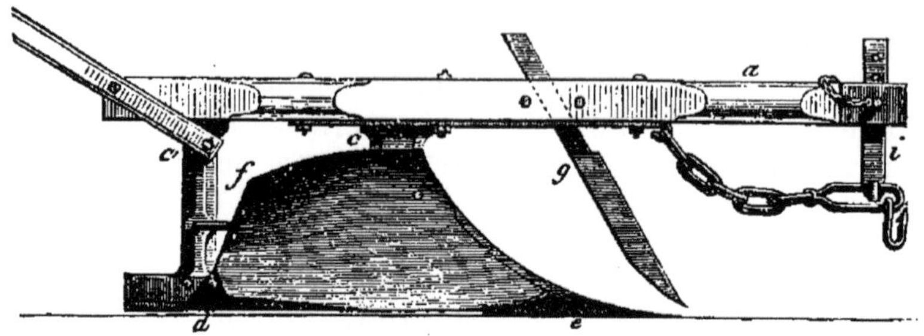

Fig. 1. — Côté droit de l'araire de Dombasle.

Elle se compose d'un soc *e*, d'un versoir *dfc* (*fig.* 1), d'un sep *ed*, d'un age *ak*, avec ses étançons *c',c'* (*fig.* 1), d'un coutre *g*, de deux mancherons brisés ici et d'un régulateur *i*.

L'age, le sep et les étançons constituent le bâti de la charrue ; ils sont là pour en soutenir la partie active se composant du soc qui détache la bande en dessous et la soulève, du coutre qui la fend verticalement, et du versoir qui la retourne et la renverse sur le côté.

Le régulateur sert à faire varier le point d'attelage des animaux, chevaux ou bœufs, qui tirent la charrue ; avec les mancherons le laboureur la dirige.

194. Reprenons chacune de ces parties pour les étudier d'un peu plus près. Voyons d'abord le soc (*fig.* 1, *e*).

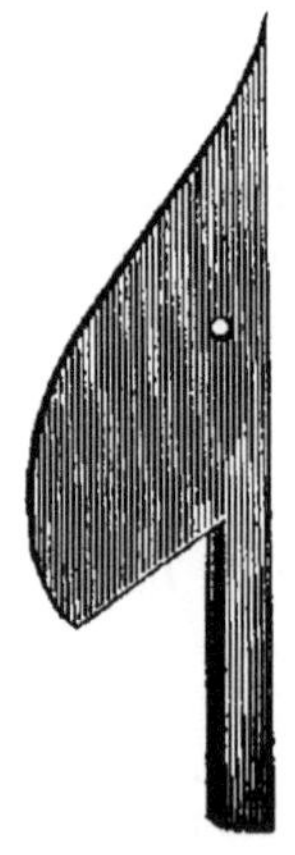

C'est la pièce principale, et dans beaucoup de pays peu avancés la seule partie active de la charrue.

Il faut qu'il présente une surface un peu oblique pour soulever la tranche et la transmettre au versoir. Il se compose (*fig.* 2) d'une pointe et d'une aile qui agit en biais, et d'une douille, ou d'une souche pleine qui le fixe au corps de la charrue. Le fer du soc a besoin d'être de très-bonne qualité pour résister au frottement de la terre et aux obstacles de toute espèce qu'il rencontre. La pointe et l'aile exigent l'incorporation de très-bons morceaux d'acier.

195. Et le versoir ?

Fig. 2. — Soc.

Le *versoir* ou *oreille* (*fig.* 1, *f*) caractérise la charrue proprement dite, l'instrument perfectionné. Les charrues des peuples barbares, celles des Arabes d'Algérie,

par exemple, n'ont qu'un soc sans versoir. C'est la partie la plus
délicate, à cause de sa courbure contournée qui doit varier de
forme et de matière (bois ou métal), suivant la nature du terrain dans lequel il est destiné à agir.

Un bon versoir se débarrasse bientôt de la tranche qu'il retourne et qui va se renverser à côté par son propre poids, et le
tirage de la charrue s'en trouve considérablement allégé.

Les versoirs en fonte sont d'un bon usage et très-durables,
mais dans certains cas, quand la terre se colle par trop, mieux
vaut un versoir en bois, ou en fonte plaquée de cuivre.

196. Et le coutre ?

C'est un grand couteau (*fig.* 1, *g*) fixé sur l'age et destiné à
fendre la terre verticalement. La meilleure forme est celle d'une
grande lame de couteau dont la pointe est plus ou moins courbée en avant.

197. Et le sep ?

Le sep ou semelle (*fig.* 3, *d*) est la partie du corps de charrue

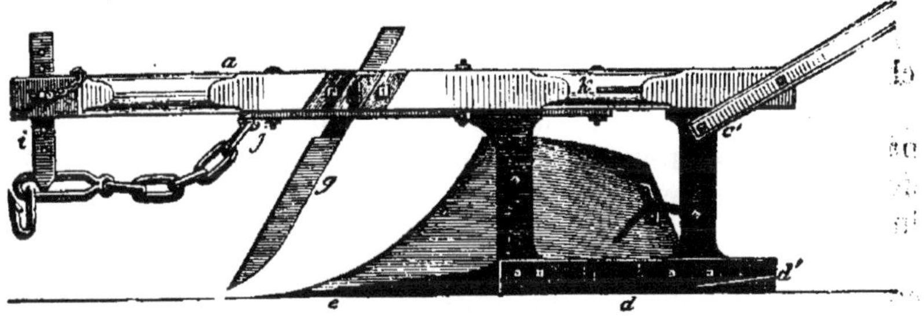

Fig. 3. — Côté gauche de l'araire de Dombasle.

à laquelle s'emmanche ou s'ajuste le soc, et sur laquelle reposent l'étançon et l'avant-corps ; c'est elle qui glisse au fond du
sillon, s'appuyant d'un côté, droit ou gauche, suivant que la
charrue verse à droite ou à gauche contre le *guéret*, c'est-à-dire
contre la terre non remuée.

On appelle talon (*fig.* 3, *d'*) la partie postérieure du sep.

Il est bon que la face inférieure et la face gauche du sep
soient un peu concaves afin d'éviter les frottements complets
et les excès de tirage qu'ils causent ; de cette façon la charrue
ne porte que sur deux points, le talon du sep et la pointe du soc.

198. Et l'age ?

L'age (*fig.* 1 et 3, *a*), qu'on appelle aussi flèche, haie, perche,
est l'intermédiaire par lequel la charrue reçoit la traction.

Il se relie au sep par les étançons ; il doit être placé de telle
façon que, les traits des animaux étant attachés à la place con-

venable, la charrue marche horizontalement en terre et à la profondeur voulue.

S'il est trop relevé sur le devant, l'attelage le baisse et le soc a trop de disposition à entrer, et l'on dit alors que la charrue marche sur la pointe, ou qu'elle pique.

Si, au contraire, l'age est trop bas, l'attelage le relève et le soc a de la tendance à sortir de terre. Alors la charrue marche sur le talon.

Plus l'age est long, plus la charrue fonctionne régulièrement, parce que la plus petite déviation du soc s'y traduit par un grand écart qu'on peut corriger immédiatement avec les mancherons ; mais par contre, plus il est long, moins il est fort, et il faut l'augmenter en épaisseur comme en longueur. Il s'ensuit qu'on ne doit rien exagérer ni dans un sens, ni dans un autre.

199. Et le régulateur ?

Il est destiné (*fig.* 1 et 3, *i*) à faire varier, suivant le point où on attache sa chaîne, la profondeur des labours et la largeur des tranches.

200. Et les mancherons ?

Ce sont des leviers à l'aide desquels le laboureur dirige sa charrue dans le sol, et en corrige les déviations accidentelles.

Les mancherons sont à la charrue ce que le gouvernail est au navire. Le laboureur ne doit jamais les abandonner ; mais il ne doit pas y employer de force ni exercer dessus une pression inutile.

La longueur des mancherons doit varier selon la force de la charrue et la taille du laboureur.

En général, les plus longs sont les meilleurs, parce qu'ils sont plus puissants comme leviers.

201. Parlez-nous de l'avant-train.

L'avant-train s'ajoute aux charrues simples ou araires. Il suffit alors de faire poser l'extrémité de l'age sur un bâti en bois ou en fer monté sur deux roues.

L'age se fixe sur ce bâti, plus ou moins haut, plus ou moins de côté, selon ce qu'on veut donner d'entrure à la charrue et de largeur au labour. Nous donnons ici la figure de l'avant-train qui s'ajoute à l'araire de Dombasle (*fig.* 4).

202. Les araires manquant d'avant-train, comment peut-on les transporter aux champs ?

On se sert à cet effet d'un traîneau dont nous donnons la figure (*fig.* 5).

203. Y a-t-il beaucoup d'espèces de charrues ?

Chaque pays a la sienne ; elles ont presque toutes le même

nombre de pièces et ne varient que par leur forme et leur disposition. Il faut être très-prudent quand on veut les changer.

La meilleure est, relativement aux conditions de chaque contrée, celle qui, tout en restant simple et commode, effectue le labour le plus profond avec le moins de force motrice.

La grande division des charrues est celle qui les classe : 1° en araires ; et 2° en charrues à avant-train.

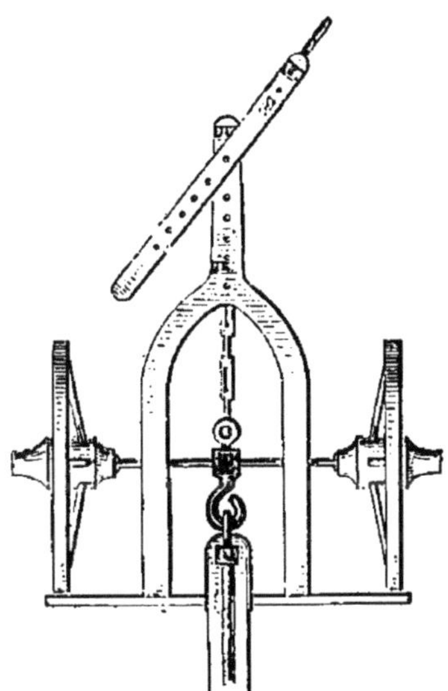

Fig. 4. — Avant-train de la charrue.
de Dombasle, vu en plan.

Fig. 5. — Traîneau pour conduire les araires
aux champs.

204. Quelle est la plus avantageuse de ces deux espèces de charrues?

Chacune d'elles a ses partisans, chacune a ses inconvénients et ses avantages. Tout dépend des habitudes locales.

L'araire est plus légère et coûte moins cher. Elle fait mieux les labours profonds, obéit plus à la main qui sait la diriger, laboure plus près des arbres, des haies, en laissant moins de *fourrière* ou *cheintre*; mais elle exige une grande habitude, une véritable habileté de la part du laboureur. Il ne doit jamais en quitter les mancherons, car elle peut se déranger sans cesse. Aussi, la plupart des laboureurs ont-ils de la répugnance à s'en servir.

Avec l'avant-train, la charrue, une fois l'age réglé, marche pour ainsi dire toute seule, et fait l'ouvrage le plus régulier ; elle fonctionne bien ainsi dans tous les labours et surtout dans les labours superficiels. Il est vrai que l'avant-train ajoute au tirage son poids et ses frottements ; mais ils ne sont pas bien considérables. On a exagéré cet inconvénient.

En résumé, l'araire vaut mieux entre les mains d'un habile homme, mais la charrue à avant-train est préférable entre celles d'un ouvrier ordinaire, à moins d'habitudes locales.

205. Quelle est la profondeur ordinaire des labours ?

Elle varie entre 5 à 8 centimètres pour les plus superficiels, et 30 à 35 centimètres pour les plus profonds.

206. Quelle inclinaison doit-on donner à la tranche renversée ?

C'est suivant le but qu'on veut atteindre. Considérons une épaisse bande de terre : on la renverse à plat et tout à fait sens dessus dessous quand on veut surtout enterrer les mauvaises herbes. C'est ce qu'on cherche à faire pour un premier labour; mais dans les labours suivants, où l'on veut surtout exposer le sol aux influences atmosphériques, on cherche à lui donner seulement un angle de renversement de 45 degrés avec le sol ou demi-angle droit, parce qu'on double ainsi la surface de la terre qui restera exposée à l'air.

207. Quelles sont les autres conditions d'un bon labour ?

Que la terre ait été labourée n'étant ni trop sèche, ni trop humide; que dans les terres fortes le guéret soit nettement coupé et non déchiré, etc. En général, le meilleur labour est celui qui approche le plus du travail qu'on aurait fait à bras avec la bêche ou la houe.

208. De quel côté la tranche est-elle renversée par la charrue ?

Du côté du versoir, c'est-à-dire toujours à droite avec la charrue ordinaire. Il en résulte qu'on ne peut lui faire tracer deux sillons de suite l'un à côté de l'autre, en allant et venant, sans que les tranches de ces deux sillons soient dirigées en sens contraire l'une de l'autre.

209. Comment remédie-t-on à cet inconvénient ?

En commençant par *endosser*, c'est-à-dire en traçant, par l'aller et le venir, deux sillons dont les tranches viennent s'adosser l'une à l'autre. Les autres sillons se tracent alternativement de chaque côté de cet endos, et l'on obtient ainsi des planches auxquelles on donne autant de largeur qu'on veut. Des deux côtés de la planche labourée, les deux derniers sillons restés vides forment des rigoles ou *dérayures* qui servent à la séparation des planches et à l'égouttement des terres (*fig.* 6).

On peut procéder par la voie contraire, et commencer par *refendre*, c'est-à-dire par tracer, en allant et venant en sens opposé, deux sillons voisins, dont les tranches s'écartent l'une de l'autre. On continue les sillons alternativement de chaque côté de cette dérayure, et l'on obtient ainsi deux demi-planches avec leur rigole séparative (*fig.* 7).

Fig. 6. — Labour en endossant.

Fig. 7. — Labour en refendant.

Chaque année, en labourant, il est bon de substituer une dérayure à l'endos de l'année précédente, et réciproquement.

210. Quelle largeur doit-on donner aux planches ?

Assez de largeur pour ne pas perdre trop de terrain en rigoles, mais pas trop cependant, afin de ne pas perdre de temps dans les tournées. 20 mètres sont une largeur normale très-convenable ; des planches de cette dimension facilitent les calculs de l'arpentage.

211. *Est-il possible de labourer en faisant tomber toutes les tranches du même côté ?*

Oui. Pour cela, il faut une charrue spéciale munie de deux versoirs qui fonctionnent alternativement, ou d'un seul versoir mobile qu'on tourne tantôt d'un côté, tantôt de l'autre, à chaque tour.

Cette dernière méthode, qui est la plus usitée, notamment dans la Brie et le Nord, se pratique avec la charrue dite *tourne-oreille* ou *harna* (*fig.* 8). C'est ce qu'on appelle *labourer à plat.*

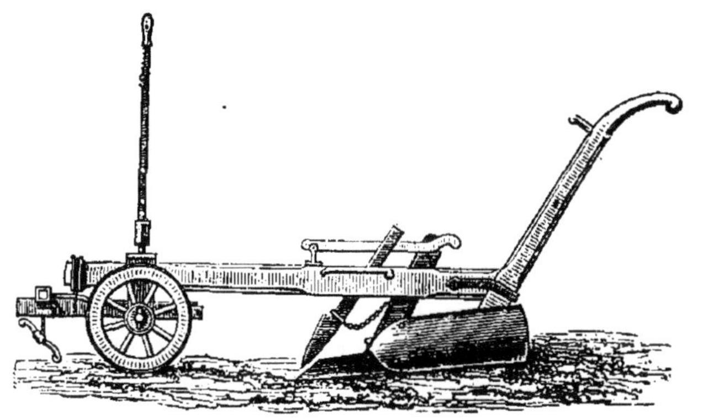

Fig. 8. — Charrue tourne-oreille.

Le labourage en planches larges donne, comme celui-ci, sauf les raies ou rigoles, une surface assez plate et sans renflement nuisible du terrain.

212. Peut-on en labourant obtenir une surface bombée ?

Oui. Dans ce cas, on fait ce qu'on appelle le *labour en billons.*

Cette méthode est usitée pour les terres humides qui ne sont pas drainées et qui ont besoin de beaucoup d'égouttement ; elle est portée à sa perfection en Belgique.

Les billons ont plus d'un inconvénient. Le labour en est difficile et trop compliqué pour qu'on essaye de l'expliquer ici (1). De plus, à moins d'avoir une pente très-prononcée, les grandes rigoles gardent trop l'eau. Enfin la faux, les extirpateurs, les scarificateurs ne peuvent fonctionner sur les surfaces billonnées.

(1) Consulter l'ouvrage de MM. Girardin et Dubreuil, t. I, p. 206.

D'ailleurs le drainage est destiné à rendre cette disposition inutile.

213. Qu'appelle-t-on *labour croisé?*

C'est tout simplement un second labour fait transversalement à celui qui l'a précédé. Ce labour est très-apprécié des bons cultivateurs. Il ameublit le sol, le répartit mieux qu'un second labour dans le même sens, et enfouit plus complétement le fumier.

Les Anglais le pratiquent beaucoup.

Malheureusement, il n'est pas toujours possible chez nous à cause du peu de largeur des pièces de terre ; mais toutes les fois qu'on peut le faire, on s'en trouve très-bien.

Le labour croisé est en bien des cas préférable à la méthode française qui a pour but de le remplacer et qui consiste à *élever des pointes,* comme on dit, de façon à couper de biais les tranches de terre renversées par un précédent labour, et déjà soudées ensemble comme après une récolte ou un long temps de repos.

214. Les labours portent-ils tous le même nom dans la pratique ?

Non. Ils ont, suivant le but qu'on se propose, des noms différents et qui changent d'un canton à l'autre ; mais, en général, c'est toujours la même opération. Elle ne se modifie que dans le *déchaumage* et le *défoncement.*

215. Qu'est-ce que le *déchaumage?*

C'est le labour qui suit immédiatement une récolte, afin de la rompre et de nettoyer la terre des mauvaises herbes.

Les instruments les plus usités pour déchaumer sont : les charrues ordinaires, surtout les plus légères, la herse-bataille, les scarificateurs, les extirpateurs, les poly-socs, etc.

216. Qu'est-ce que tous ces instruments ? La herse-bataille, par exemple, le scarificateur et l'extirpateur?

Figurez-vous un bâti de herse qui porte, au lieu de ses dents ordinaires, un certain nombre de petits socs de charrue qui pénètrent dans le sol plus ou moins profondément, et en déchirent la surface (*fig.* 9). C'est là le principe commun de toutes ces machines, et elles ne diffèrent les unes des autres que par des détails. En général, il faut avoir un instrument dont les dents puissent se changer. De cette façon, on peut *scarifier,* c'est-à-dire rechausser la terre en l'aérant, ou *extirper,* c'est-à-dire couper entre deux terres les mauvaises herbes qui s'y trouvent.

Les poly-socs ou charrues accouplées par 2 ou par 3 sont excellents pour de petites façons de nettoyage ou pour enfouir les semailles.

217. Parlez-nous maintenant du *défoncement*.

Le labour de défoncement a pour but d'atteindre le sol plus profondément que la charrue ordinaire ne le fait d'habitude et de pénétrer dans le sous-sol. Il se pratique avec divers instruments et d'une manière différente, suivant qu'on veut ramener le sous-sol à la surface ou seulement le remuer et l'ameublir en le laissant en place.

218. Comment opère-t-on pour ramener le sous-sol à la surface ?

Pour épargner du temps et de la main-d'œuvre, on fait suivre, en Belgique, la première charrue, qui ouvre le sillon, d'une seconde charrue au versoir de laquelle est attachée une allonge consistant en une planche dont un ouvrier tient l'autre bout et le long de laquelle la tranche remonte jusqu'à la surface. Mais cette opération n'est utile que dans des cas exceptionnels. Nous avons, en France, la charrue Bonnet (*fig.* 10),

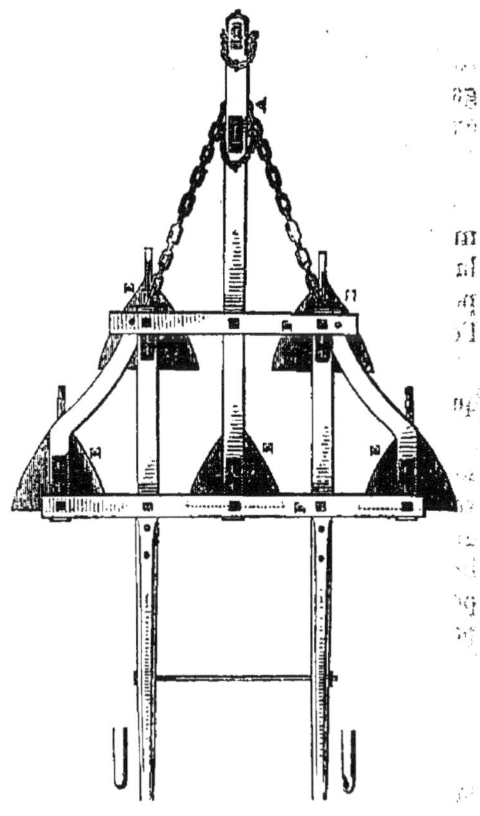

Fig. 9. — Plan d'un extirpateur de Valcourt.

Fig. 10. — Charrue à défoncer.

qui, du premier coup, atteint ce but. On doit donc la préférer.

219. Comment opère-t-on pour ameublir le sous-sol sans le ramener à la surface ?

En faisant passer une seconde charrue, qu'on nomme *fouilleuse* ou *sous-sol*. C'est une charrue ordinaire dépourvue de coutre et de versoir, et garnie seulement d'un soc qui remue la terre sans la déplacer. La défonceuse Guibal, grande roue garnie de dents qui piochent le fond du sillon, est également excellente et doit même être préférée dans bien des cas.

220. De quoi dépend la profondeur qu'on doit donner à un labour ?

De l'espèce de plantes qu'on veut cultiver, et surtout de la fumure qu'on peut y appliquer. Les labours profonds améliorent la terre d'une manière durable. On ne doit donc rien négliger pour en faire. Mais c'est une folie de labourer profondément, si l'on n'est pas en mesure de fumer copieusement.

221. Que doit examiner un fermier, quand il va voir son charretier qui laboure ?

Il s'assurera d'abord si le travail est régulier et conforme à ses indications ; puis si la charrue est bien réglée et si les chevaux sont bien attelés, c'est-à-dire s'ils ont leurs traits d'égale longueur. Ce sont là deux conditions indispensables d'un bon labour. Il vérifiera ensuite si les chevaux n'ont pas été surmenés pour rattraper du temps perdu. Cela arrive souvent et ne doit pas être toléré.

§ 2. Des hersages (1).

222. Qu'est-ce que le hersage ?

C'est une opération qui a pour but de briser les mottes, d'unir la surface du sol, d'enlever les mauvaises herbes, ou enfin de recouvrir une semence ou un engrais pulvérulent quelconque.

Le hersage est toujours précédé d'un labour ; il s'effectue au moyen d'un instrument nommé *herse* (*fig.* 11).

223. Qu'est-ce qu'une herse ?

C'est un bâti muni de dents en bois ou en fer.

La forme est variable ; tantôt c'est un carré oblique (parallélogramme), ce qui est de beaucoup la forme la meilleure, tantôt un carré plus étroit au sommet qu'à la base (trapèze), tantôt un triangle.

Les dents des herses sont tantôt rondes, tantôt angulaires à leur extrémité, quelquefois légèrement inclinées de haut en bas et d'arrière en avant. Chacune d'elles doit être placée dans le bâti de manière à agir isolément, sans jamais entrer dans le tracé d'une autre.

(1) Voy. *Girardin et Dubreuil*, t. I, p. 212-217 ; et *Livre de la Ferme*, t. I, p. 125-131.

234. Combien y a-t-il d'espèces de hersage ?

Une seule avec les herses à dents droites, deux avec les herses à dents inclinées, savoir : 1° en tirant la herse dans le sens de l'inclinaison des dents ; c'est le hersage le plus énergique,

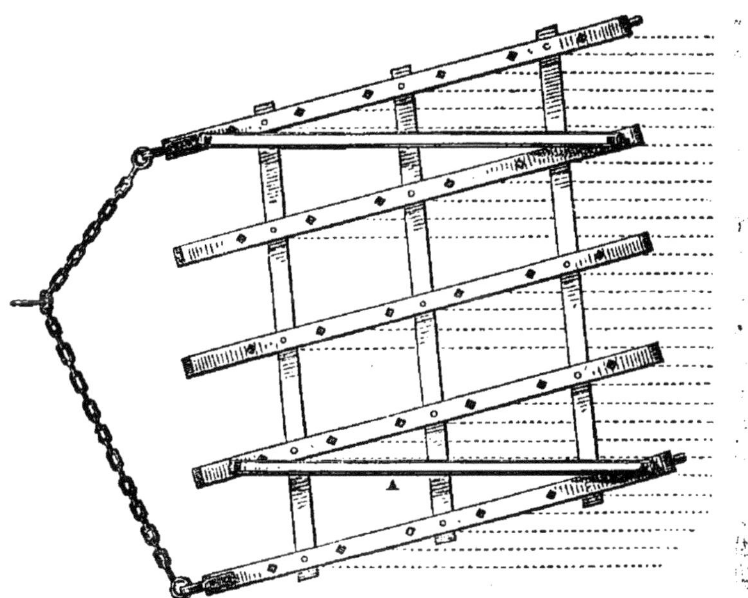

Fig. 11. — Herse oblique ou parallélogrammique.

on l'appelle *herser en accrochant* ; 2° en tirant la herse dans le sens opposé à l'inclinaison des dents ; c'est le hersage le moins énergique ; on l'appelle *herser en décrochant* ou à rebours ou à reculons. Cette possibilité d'opérer de deux manières doit faire préférer les herses à dents inclinées.

Quand le hersage en accrochant n'est pas assez énergique encore, on charge la herse de bois, de pierres, etc., qui la font pénétrer davantage.

§ 3. Du roulage (1).

225. Qu'est-ce que le roulage ?

Cette opération a pour but de briser les mottes qui ont résisté à la herse, et de tasser les sols légers afin qu'ils conservent plus de fraîcheur.

On roule aussi au printemps pour rechausser, appuyer et faire taller les céréales.

(1) Voy. Girardin et Dubreuil, t. I, p. 217-220 ; et *Livre de la Ferme*, t. I, p. 132-140.

226. Combien y a-t-il de sortes de rouleaux ?

Trois principales :

1° Les rouleaux ordinaires, en bois, en pierres ou en fonte (*fig.* 12);

2° Les rouleaux *brise-mottes*, en fonte, formés de disques à

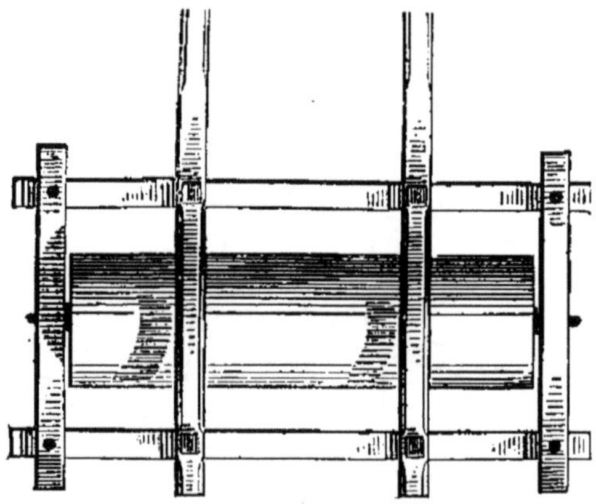

Fig. 12. — Rouleau ordinaire.

dents de scies épaisses pour briser les mottes et non les aplatie seulement. (V. *fig.* 85.)

3° Les rouleaux à claire-voie, dont les baguettes sont en métal ou en bois.

CHAPITRE XI

DES SEMAILLES ET DES PLANTATIONS (1).

227. Qu'est-ce que semer ?

C'est répandre plus ou moins uniformément, sur une terre préparée, les semences ou graines qui doivent se transformer en végétaux.

228. Quelles sont les principales espèces de semailles ?

Ce sont :

1° Les semailles à la volée ;

2° Les semailles en lignes ou en rayons ;

3° Les semailles sous raies.

229. Comment opère-t-on les semailles à la volée ?

Elles se font à la main.

Le semeur doit d'abord se placer sous le bon vent, c'est-à-dire ne pas semer contre le vent, mais autant que possible dans le

____

(1) Voy. Girardin et Dubreuil, t. I, p. 613-612.

même sens, afin que l'air, non-seulement ne s'oppose pas au jet du grain, mais encore l'enlève et aide à le disséminer.

Après avoir marqué ses raies de conduite et posé ses jalons, il endosse un tablier de toile, nommé *semoir*, avec lequel il forme une poche, la remplit de grains et commence à semer, en marchant d'un pas ferme et régulier et en se balançant en cadence. Il aura soin que la main droite marche en même temps que le pied gauche se lève, afin que l'un serve à l'autre de contre-poids.

La semence devra être projetée à 8 ou 9 mètres environ, suivant la force du bras et du vent.

230. Quelles conditions principales doit remplir un semis bien fait ?

1° Que la semence soit également répandue ;

2° Qu'elle soit répartie en quantité déterminée pour une étendue donnée. Mais il faut pour cela une habileté que la pratique seule peut faire acquérir.

Il est un moyen cependant qui régularise et économise la semence jetée à bras d'homme, de telle sorte qu'on a tous les avantages des semailles en lignes sans en avoir les inconvénients.

Pour cela, il faut *gaufrer* ou *rayer* la terre. On a dans ce but un instrument que les Anglais appellent *landpresser* ou *rayonneur compresseur* ; ce sont des sortes de roues en fonte taillées sur leur circonférence en cône tronqué et qui ont pour but de faire dans le sol des sillons analogues à ceux qu'on fait, quand on passe dans un champ meuble avec une voiture chargée. Ou bien encore, l'instrument se compose d'un rouleau suivi d'un léger scarificateur qui trace des raies.

Supposons donc une pièce de terre couverte de ces traces creuses parallèles entre elles et écartées l'une de l'autre de telle distance qu'on voudra. Si on sème alors à la volée, les grains tomberont dans les raies, et le hersage y ramènera ceux qui seraient restés sur les intervalles.

On ne saurait se faire une trop bonne idée des résultats qu'on obtient par cette méthode, malheureusement peu répandue.

231. Parlez-nous des semoirs.

Il y en a deux espèces principales :

1° Les semoirs à brouette (voyez *fig.* 13), qu'un homme pousse devant lui. Ils sont simples et ne coûtent pas cher, mais ils ne sèment qu'une ligne à la fois et ne peuvent être employés dans la grande culture ; néanmoins, dans la petite et même dans la moyenne culture, ils peuvent rendre d'utiles services.

2° Les semoirs à cheval (*fig.* 14), qui sèment depuis quatre jusqu'à sept lignes et plus à la fois et sont ainsi d'un usage beaucoup plus économique que les premiers. L'élévation de leur

Fig. 13. — Semoir à brouette.

prix d'achat fait souvent que le cultivateur hésite à les acqué-

Fig. 14. — Semoir à cheval.

rir ; c'est un tort, car dès la première année d'usage, un bon semoir a gagné trois fois ce qu'il a coûté.

232. Comment opère-t-on les semis en lignes ?

Rien de plus simple par le procédé indiqué au n° 230 et sur lequel nous appelons sérieusement l'attention. En attendant que ce procédé se soit généralisé, comme nous espérons qu'il se généralisera, on peut se servir du semoir à brouette qu'on pousse devant soi.

Quant au semoir à cheval, un homme conduit le cheval par la bride de manière que la roue du semoir suive le sillon tracé par le dernier tube, afin que le même espace se maintienne toujours entre les raies. Un autre homme doit se tenir aux mancherons et veiller à ce que la graine s'écoule sans interruption par les tubes, qui sont sujets à se boucher, surtout quand on sème dans un terrain un peu humide. Il a soin aussi à chaque tournée de *débrayer*, c'est-à-dire d'écarter les roues de commande pour que le semoir puisse marcher sur le chemin sans perdre sa semence.

233. Quels avantages présente la méthode des semis en lignes ?

Avec les semoirs actuels, et si imparfaits qu'ils soient, il y a déjà économie de semence, le grain est recouvert instantanément et garanti contre les dégâts des oiseaux et des insectes. Il est plus également réparti. On n'a plus besoin de semeurs spéciaux, d'une adresse toute particulière. Enfin cette méthode, en espaçant les plantes d'une manière régulière, permet plus tard de les sarcler, soit à la main, soit avec des instruments à cheval qui diminuent les frais et la durée de ces travaux.

Ce dernier avantage surtout est de la plus haute importance et fait désirer de voir les semailles en lignes remplacer dans la plupart des cas les semailles à la volée. Nous sommes convaincus cependant qu'avec le rayonneur-compresseur (voyez n° 230), on arrivera plus vite à vulgariser les semailles en lignes qu'avec le semoir.

234. Quelles sont les graines qu'on peut semer le plus communément avec les semoirs ?

Surtout celles des plantes qui ont besoin d'être sarclées, parce qu'elles réclament impérieusement le binage. Cependant on commence à s'en servir aussi pour les céréales, et surtout pour le froment. Il n'est pas de graines auxquelles cette méthode ne soit applicable.

235. Qu'entend-on par semailles sous raies ?

Ce sont des semailles faites à la volée sur une terre préparée. On enterre ensuite les semences à l'aide d'un léger labour. Cette méthode est excellente, mais on n'a pas toujours le temps de la suivre sur une grande échelle. C'est dans ce cas surtout que les polysocs et les scarificateurs sont d'un bon usage. Quand la terre est forte, les blés d'hiver semés sous raies viennent très-bien.

236. N'y a-t-il pas d'autres opérations qui équivalent aux semailles ?

Oui, certaines plantes ne se perpétuent pas en culture par graine, mais par plants de tubercules, comme les pommes de terre et les topinambours, ou par caïeux, comme l'ail.

D'autres fois, l'ensemencement se complique d'une seconde

opération : ainsi le colza est semé d'abord en pépinière, puis il est transplanté ou repiqué ailleurs.

237. Comment se font les plantations et les repiquages ?

Au plantoir ou à la charrue. Ce dernier procédé est le plus usité, parce qu'il va plus vite et coûte moins cher. On donne un labour ordinaire : des femmes ou des enfants suivent la charrue et déposent les tubercules ou les plants dans le sillon ; la charrue les recouvre au tour suivant.

238. Qu'est-ce qu'un *rayonneur* ?

C'est un instrument destiné à faciliter les plantations au plantoir. Il consiste (*fig.* 15) en un châssis de bois monté sur roues et

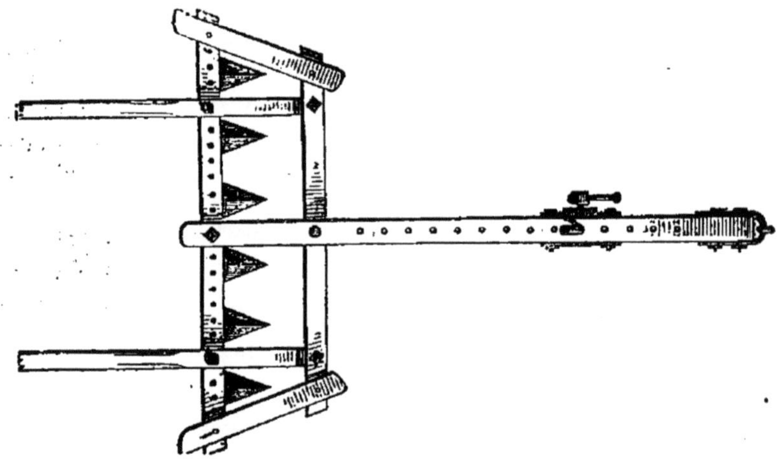

Fig. 15. — Plan du rayonneur.

garni de dents qui tracent des raies sur le sol et dont on peut faire varier à volonté l'écartement.

On trace ainsi des raies en long et en large, et sur l'espèce de canevas ainsi dessiné, l'ouvrier sait qu'il doit planter à chaque point de rencontre des lignes.

CHAPITRE XII

DES CULTURES D'ENTRETIEN (1).

239. Qu'entend-on par *cultures d'entretien* ?

On désigne sous ce nom les préparations que l'on donne au sol pendant que les plantes qu'on cultive y sont en végétation.

(1) Voy. Girardin et Dubreuil, t. I, p. 220-236 ; et *Livre de la Ferme*, t. I, p. 140-147.

Les plus importantes sont les *sarclages*, les *binages* et les *buttages*.

Les deux premières opérations qui, le plus souvent, sont confondues ensemble, ont pour but, l'une, la destruction des mauvaises herbes, et l'autre, l'ameublissement de la superficie du sol.

La dernière a pour but de butter ou de rechausser le pied des plantes.

240. De quels instruments se sert-on pour biner et pour sarcler ?

Des houes à main et des houes à cheval.

Les houes à main, ou binettes (*fig.* 16), varient extrêmement par la forme de la lame et la longueur du manche.

Tout simples que paraissent ces instruments, ils méritent cependant de fixer l'attention des cultivateurs sur deux points : le tranchant et le manche.

Quand on sarcle, il faut que les binettes soient toujours bien tranchantes, puisqu'on veut détruire les mauvaises herbes ; autrement, on déplacerait tout simplement les racines, et à la première pluie l'opération serait à recommencer.

Pour les binages ordinaires, c'est-à-dire pour les façons données à la terre dans le but à peu près unique de la réchauffer en brisant la croûte pour augmenter les surfaces en contact avec l'atmosphère, il est moins important d'avoir une binette bien tranchante.

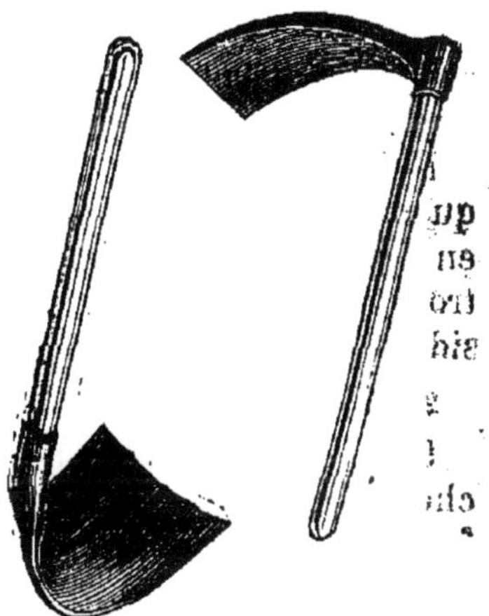

Fig. 16. — Houes à main.

Quant au manche, plus il est long, moins il est bon pour les sarclages, surtout pour ceux dans lesquels il faut de temps en temps que l'ouvrier prenne les *touffes* d'herbe à la main afin d'en mettre les racines au vent, après les avoir dégagées de la terre adhérente au pied, qui pourrait très-bien les maintenir en vie.

241. Parlez-nous maintenant des houes à cheval.

Les houes à cheval se composent en général d'un châssis triangulaire auquel sont adaptés, en avant un soc en fer de lance et en arrière des couteaux, les uns verticaux, les autres horizontaux, pour fendre la croûte du sol dans les deux sens et couper les racines des mauvaises herbes. Une roue ou un sabot supporte l'avant-train ; et on dirige l'instrument comme une charrue avec deux mancherons.

C'est là du moins le modèle le plus simple des houes à **cheval.**
Il s'applique aux grosses cultures sarclées, telles que les bette-

Fig. 17. — Houc à cheval.

raves, les navets, les colzas, où les raies entre les plantes sont
larges.

Mais la houe à cheval devient plus délicate et plus compliquée
quand on veut s'en servir pour biner entre des céréales semées
en lignes. Nous ne faisons qu'indiquer ici cette pratique encore
trop peu connue et qui mériterait d'être prise en sérieuse considération.

242. Quel est l'avantage des houes à cheval sur les houes à main ?

De faire beaucoup plus d'ouvrage et de coûter beaucoup moins
cher de main-d'œuvre ; par conséquent de permettre une
foule de binages qui seraient impraticables autrement, car il est
souvent très-difficile de se procurer au temps voulu assez d'ouvriers pour sarcler. Ajoutons que les binages à l'aide du cheval
se présentent dans une saison où, le plus souvent, les attelages
des fermes n'ont rien à faire. Mais ils ne sont possibles que
dans les cultures en lignes.

243. Quand faut-il biner ?

Aussitôt que l'état du sol le permet et que la présence des
mauvaises herbes l'exige. On ne doit pas attendre qu'elles aient
pris leur croissance entière, car elles montent bientôt en graine,
et, en les sarclant, on ne fait que les semer.

D'ailleurs les houes à cheval fonctionnent mal quand les mauvaises herbes sont trop fortes. La beauté et la force des récoltes
couvriront toujours les frais des binages qu'on n'y aura pas épargnés.

Quand une culture reçoit plusieurs binages, ce qui est le cas
le plus ordinaire, les derniers doivent être plus profonds que les
premiers. On doit plus fréquemment biner pour ameublir dans
les terres fortes que dans les sables et les terrains légers.

244. Comment se fait le buttage ?

Avec le *butteur* ou *buttoir*. On appelle ainsi une sorte de petite
charrue sans avant-train, munie d'un double soc et d'un double

versoir dont les ailes peuvent s'écarter et se rapprocher à volonté (*fig.* 18).

Pour que le buttage produise de bons effets, il faut qu'il ait

Fig. 18. — Buttoir.

lieu au moment où la terre vient d'être ameublie par un binage : si elle était dure, le butteur fonctionnerait mal.

CHAPITRE XIII

TRAVAUX DES RÉCOLTES.

245. Quels sont les travaux compris sous cette dénomination ?

Ce sont la fauchaison et la fenaison des fourrages ; la moisson, comprenant la coupe, le liage et la rentrée des céréales ; enfin l'arrachage des racines.

§ 1. Fauchaison et fenaison des fourrages (1).

246. Avec quels instruments s'opère la fauchaison ?

Presque exclusivement avec la faux, bien qu'on puisse prévoir que, dans un avenir plus ou moins rapproché, on fauchera aussi avec des machines. La faux varie de forme avec les localités ; et il est difficile de dire quelle est la meilleure ; chacune fait un bon travail quand elle est bien maniée, et la pratique peut seule apprendre à s'en servir.

247. N'y a-t-il pas cependant quelques principes généraux ?

Oui. On doit savoir que la pointe de la lame (*fig.* 19) doit être un peu plus basse (de 5 centimètres environ) que le haut du manche, pour que la faux coupe vivement et nettement. Avec un angle plus ouvert, on prend plus d'espace, mais il faut plus de force. La

(1) Voy. Girardin et Dubreuil, t. II, p. 189-197 ; et *Livre de la Ferme*, t. I, p. 350-354.

douille de la lame est maintenue un peu aisée, afin qu'en em-
manchant on puisse, au moyen d'un coin de bois ou d'une pièce
de cuir, faire varier l'angle selon les besoins.

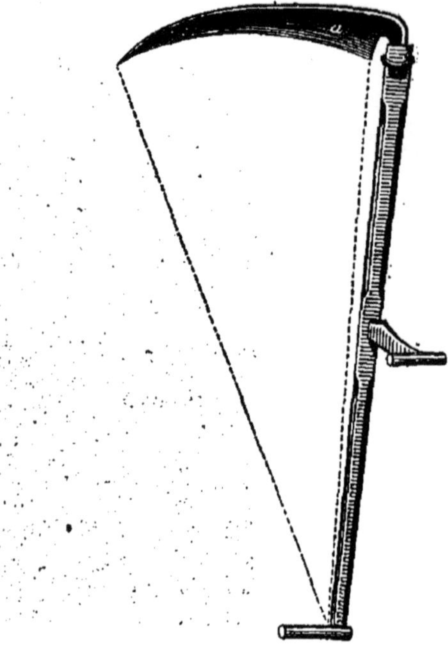

Fig. 19. — Faux du nord-est de la France.

248. Comment affile-t-on le tranchant de la faux ?

En la battant au marteau sur une enclume portative.

On rencontre souvent des lames défectueuses dans lesquelles l'acier est irrégulièrement réparti. On reconnaît les endroits mous ou durs en faisant passer avec précaution sur le tranchant une petite lime douce. On les marque avec un poinçon, et on a soin, en battant, de mouiller à l'eau froide les places molles, tandis qu'on bat les places dures à sec. Le tranchant doit être court pour les herbes fortes, fin et bien aplati pour les herbes fines. On aiguise aussi les faux avec la pierre naturelle ou artificielle qui sert à abattre le morfil produit par le battage.

249. Y a-t-il quelques précautions particulières à observer dans la fauchaison des fourrages ?

Il importe de faucher le plus près possible de terre ; sans quoi on diminue le rendement, et on laisse de gros tronçons de tiges qui se sèchent, durcissent, et rendent les secondes coupes plus difficiles à récolter.

On fauche habituellement les fourrages en dehors de droite à gauche, de façon que le foin coupé se trouve éloigné de celui qui reste debout, et disposé naturellement en longues bandes ou *andains*.

250. Comment s'opère le fanage ?

Cette opération doit être faite de telle façon qu'on puisse obtenir la dessiccation la plus complète et la plus prompte, tout en conservant le plus de feuilles adhérentes aux tiges, et de telle sorte aussi qu'on expose le moins possible les fourrages à l'action des pluies.

Le meilleur moyen qu'on ait aujourd'hui à sa portée pour obtenir ce résultat, c'est de se servir de la faneuse à cheval, qui, pour les fourrages naturels surtout, et avec un cheval et un homme pour le conduire, remplace au moins 10 faneurs.

Quand la dessiccation en andains est achevée, on rassemble d'abord le foin en petits tas dont on fait au bout de deux jours, par un temps sec, des *meulons* ou petites meules.

Les meulons ont pour but de laisser au foin le temps de *jeter son feu*, c'est-à-dire de perdre sa dernière humidité. Sans cela il s'établirait un commencement de fermentation qui continuerait dans la grange et lui ferait perdre son bon goût.

Les meulons étant défaits au bout de peu de temps, et le foin transporté à la meule ou à la grange, la chaleur se perd et la fermentation ne reprend plus.

Que le foin soit enlevé du champ ou qu'il y reste sous forme de meule, on ne doit pas négliger l'emploi du râteau à cheval pour ramasser ce qui est resté çà et là après le rassemblement du fourrage.

251. Tout cela est-il toujours possible dans les **pays très-humides?**

Non. L'humidité fait souvent perdre beaucoup de fourrages aux cultivateurs. On pourrait cependant y remédier au moyen d'une méthode dite de *Klappmeyer*, du nom d'un agronome allemand qui l'a inventée. Elle consiste à mettre le foin en très-grosses meules dès le lendemain du jour ou il a été fauché, en le pressant et le foulant fortement avec le plus de régularité possible dans toutes ses parties. La fermentation s'y établit peu d'heures après, et elle augmente rapidement. On doit en suivre les progrès avec soin, et lorsqu'on ne peut plus y tenir la main à cause de la chaleur, on démonte promptement la meule, et l'on étend le fourrage. Quelques heures de soleil, ou même de vent, suffisent pour dessécher complétement l'herbe qui a subi cette fermentation. Par ce procédé les feuilles et les fleurs ne se détachent pas aussi facilement que par les modes ordinaires; à la vérité, le foin acquiert une couleur brune ; mais il est sucré, savoureux et convient beaucoup aux animaux.

252. Y a-t-il moyen, même avec cette méthode, de conserver au foin sa couleur verte ?

Oui. Il suffit pour cela de placer d'avance, au milieu de la meule, une sorte de conduit ou de cheminée fait simplement avec quatre planches. La chaleur, développée par la fermentation, entraîne avec elle presque toute l'eau de végétation, et le foin conserve ainsi toutes ses feuilles, sa couleur et son goût primitifs. Ce procédé est très-usité en Russie.

En général, la méthode de Klappmeyer, avec ou sans cette addition, est très-recommandable, et elle rendrait de grands services, si elle était plus connue et plus souvent appliquée.

253. Comment a lieu la rentrée du foin?

La chose indispensable, c'est de mettre le foin, aussitôt qu'il est sec, à l'abri de l'humidité, soit qu'on le rentre en grenier, soit qu'on l'établisse dehors en meules (voy. n° 435). Le plus souvent on le lie en bottes avant de l'emmagasiner, d'autres fois on se contente de le tasser dans les greniers en masse et par couches régulières, comme du fumier. C'est ce qu'on appelle rentrer le foin en *vrac* ou en *vragues*.

254. Lequel préférez-vous, du vrac ou du bottelage ?

Lorsqu'on fait du foin pour le vendre, le bottelage est indis-

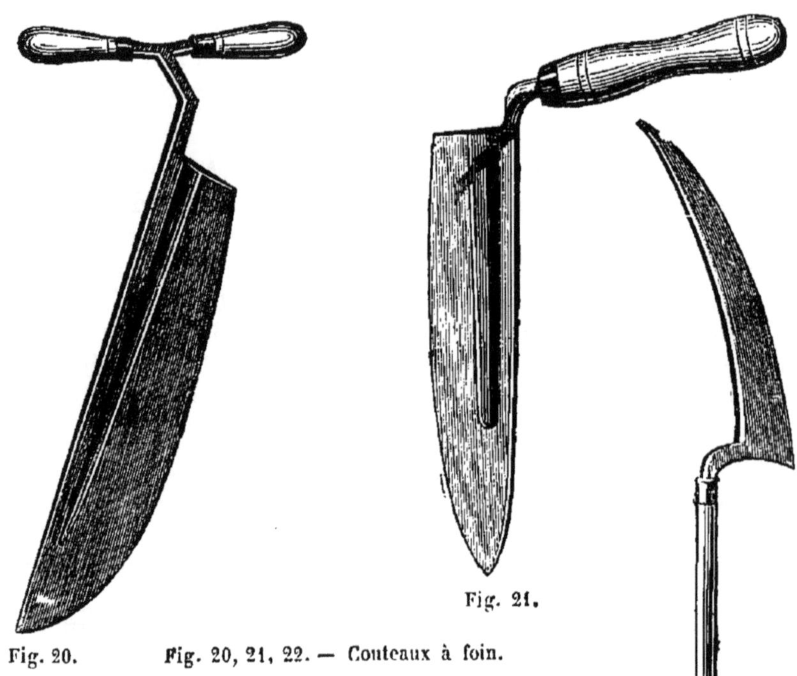

Fig. 21.

Fig. 20.

Fig. 20, 21, 22. — Couteaux à foin.

Fig. 22.

pensable avec les habitudes de notre pays (en Angleterre, on achète le foin au cube). Mais lorsqu'on le garde pour le consommer soi-même, le vrac est préférable. Le foin y conserve mieux son arome ; il y perd moins ses feuilles et ses fleurs ; quand il est bien tassé, les souris n'y pénètrent pas ; enfin on évite les frais et le temps perdus pour mettre en bottes. Le foin en vrac se coupe avec des instruments spéciaux, des espèces de grands couteaux, soit à deux (*fig.* 20), soit à un seul manche court (*fig.* 21), soit à manche long (*fig.* 22).

255. Qu'est-ce que la compression des foins ?

C'est une pratique qui consiste à les serrer, quand ils sont bons à rentrer, sous une presse hydraulique ou sous le premier pressoir venu, et à les réduire ainsi jusqu'au septième environ de leur volume ordinaire. Le foin comprimé est d'un transport et d'une conservation tout à fait commodes. Il ne craint plus la pluie et peut se garder même à l'air pendant des années.

§ 2. Moisson (1).

256. Quels sont les travaux préparatoires de la moisson ?

La moisson des céréales est l'opération qui demande le plus d'activité de la part du cultivateur. Il doit s'assurer d'abord du nombre de bras nécessaire pour que tous ses travaux s'exécutent en temps opportun ; puis s'occuper de mettre en état ses granges, ses greniers, etc. Tous les trous, toutes les fissures devront être bouchés avec soin, afin que les rats et les souris n'y puissent entrer. Ensuite il visitera les chariots et les voitures destinés au transport des récoltes, et il les fera réparer. Il doit aussi réparer les chemins les plus fréquentés ; c'est une dépense largement compensée. C'est encore à cette époque qu'on a l'habitude de rhabiller les équipages, c'est-à-dire de remettre en état les harnais des bêtes de trait.

257. Avec quels instruments s'exécute la moisson ?

Avec la faucille, ou la sape flamande, ou la faux. On commence à employer aussi les machines à cheval.

258. Quels sont les avantages et les inconvénients de la faucille ?

La faucille était encore presque exclusivement usitée il y a cinquante ans. Ses avantages étaient la régularité des javelles, bien étendues et séchant promptement, et la facilité avec laquelle chacun apprenait à en faire usage. Comme cet instrument n'exigeait pas de force, il pouvait être employé par tous les bras, et notamment par les femmes.

Mais ces avantages étaient plus que balancés par de graves inconvénients. Le travail de la faucille était par trop lent. Un bon moissonneur ne perdant pas de temps abattait à peine 20 ares par jour. En outre, il fallait couper les chaumes à une certaine hauteur, ce qui causait une perte notable de paille. Aussi l'emploi de la faucille est-il aujourd'hui généralement abandonné.

259. Qu'est-ce que la *sape flamande*, et quels en sont les avantages ?

La sape flamande (*fig.* 23) est une petite faux munie d'un manche court et presque perpendiculaire au plat de la lame. L'ouvrier la tient de la main droite, tandis que de la gauche il est armé d'un crochet (*fig.* 24) qui sert à saisir les tiges qu'il veut couper.

(1) Voy. Girardin et Dubreuil, t. I, p. 659-687 ; et *Livre de la Ferme*. t. I, p. 211-221.

Comme il coupe et fait les javelles en même temps, la partie délicate de l'opération est de bien saisir avec le crochet et de bien déposer en javelles les tiges coupées et ramenées sur le genou gauche. Pour avoir une idée nette de cette manœuvre, il faut l'avoir vu pratiquer. L'habitude s'en prend vite quand on sait bien s'aider du genou.

Avec la sape les javelles sont bien faites et l'ouvrage très-propre, chose difficile à obtenir avec la faucille et surtout avec la faux. Les blés versés et mêlés sont très-aisément abattus, et la coupe des chaume

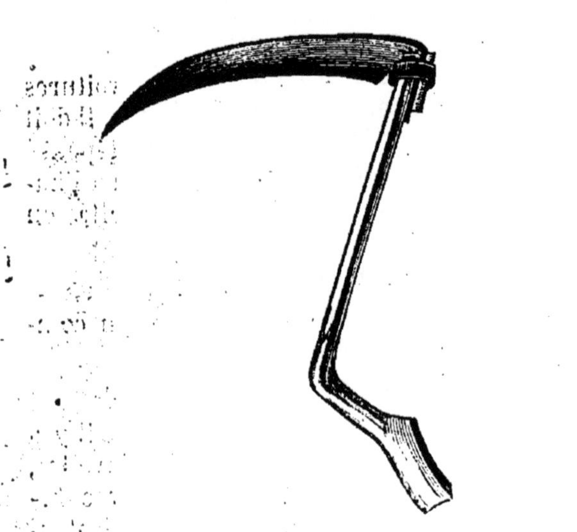

Fig. 23. — Sape flamande.   Fig. 24. — Crochet de la sape flamande.

est faite assez bas. Le grain n'est pas trop secoué et les épis sont peu égrenés, moins qu'avec la faux quand on moissonne du blé trop mûr. Un sapeur peut abattre de 40 à 50 ares par jour.

Il faut à la sape des terres peu ou pas caillouteuses, des blés assez fournis et un peu longs; son crochet n'aurait pas de prise sur les tiges trop courtes et rares des moissons maigres. De plus, on ne peut employer comme moissonneurs que des hommes robustes, auxquels il faut une longue pratique avant qu'ils ne sachent bien saper.

260. Parlez-nous de la faux.

C'est la même que celle qui fauche les foins. Seulement, pour couper les céréales, on l'arme de crochets (*fig*. 25), sorte de châssis destiné à retenir les tiges coupées et à aider le faucheur à les rassembler.

Les céréales se fauchent en dedans, c'est-à-dire qu'au lieu de laisser le blé debout à sa droite, comme lorsqu'il fauche les foins, l'ouvrier l'a à sa gauche et appuie contre les tiges non coupées celles qu'il abat ; la ramasseuse vient les prendre et en fait des javelles.

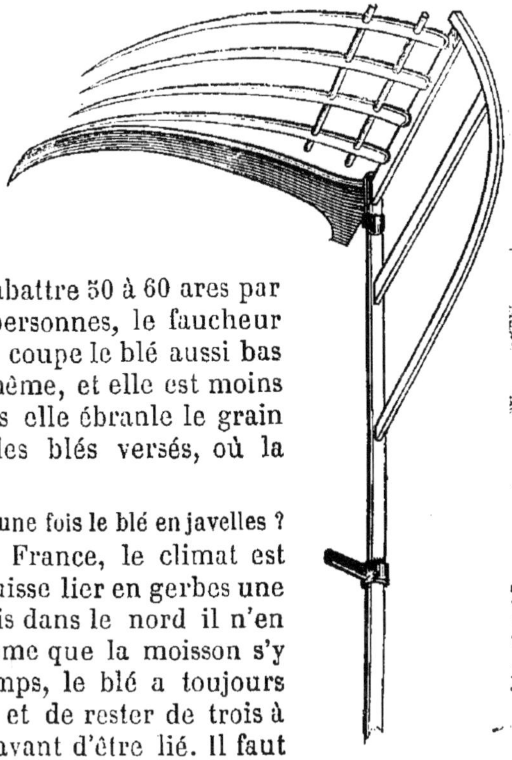

La faux est le plus rapide de tous les outils à main ; elle peut abattre 50 à 60 ares par jour, mais avec deux personnes, le faucheur et sa ramasseuse. Elle coupe le blé aussi bas que la sape, plus bas même, et elle est moins délicate à manier. Mais elle ébranle le grain et pénètre mal dans les blés versés, où la sape fait merveille.

Fig. 25. — Faux ordinaire munie du râteau.

261. Que faut-il faire, une fois le blé en javelles ?

Dans le midi de la France, le climat est assez sec pour qu'on puisse lier en gerbes une fois le blé abattu ; mais dans le nord il n'en est pas ainsi. Lors même que la moisson s'y opère par un beau temps, le blé a toujours besoin de se ressuyer et de rester de trois à cinq jours sur le sol avant d'être lié. Il faut donner le temps aux mauvaises herbes qui garnissent le pied de se faner. Le grain y achève aussi de mûrir ; car on doit toujours couper sur le vert, une huitaine avant la complète maturité, pour éviter des pertes par égrenage.

Si le temps est pluvieux, et quand même il serait au beau, on ne doit pas laisser les javelles sur le sol, où le grain peut moisir et germer. Il faut alors le mettre en *moyettes*.

262. Qu'entendez-vous par *moyettes* ?

C'est une pratique originaire de Flandre, et usitée aujourd'hui dans la Flandre française, l'Artois, la Picardie et la Normandie. Elle est extrêmement importante pour la conservation des récoltes et mérite qu'on fasse les plus grands efforts pour la propager. Rien d'ailleurs n'est plus facile. Nous allons en emprunter la description à l'ouvrage de MM. Girardin et Dubreuil :

« On aplanit grossièrement le sol sur l'endroit le plus sec et le plus élevé du champ ; on y dépose triangulairement trois javelles, de manière que les épis ne touchent pas la terre (*fig.* 26), et l'on place sur cette première base un rang circulaire de ja-

velles, les épis convergeant vers le centre et se tournant vers ce
point (*fig.* 27) ; on continue à disposer parallèlement plusieurs
lits successifs de javelles jusqu'à la hauteur de 1ᵐ.30 environ.

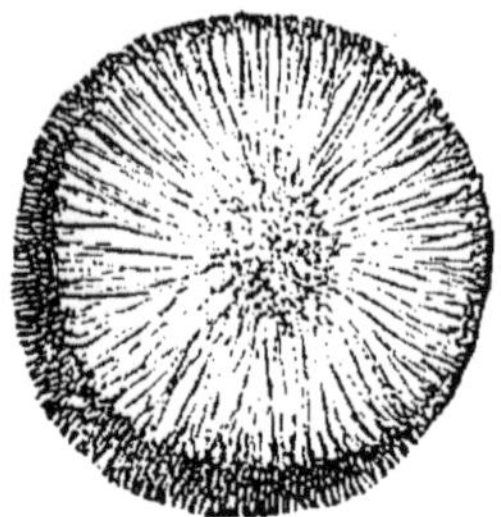

Fig. 26. — Base de la moyette.   Fig. 27. — Coupe horizontale de la moyette.

Tous les épis étant réunis au centre, ce point se trouve plus
élevé que le pourtour, et l'eau qui pourrait s'y introduire tend
alors à s'écouler au dehors. On ajoute de nouvelles javelles, en
croisant de plus en plus les épis au centre, pour diminuer gra-
duellement le diamètre de la moyette, et lorsque l'exhausse-
ment central forme une inclinaison d'un demi-angle droit environ, on s'arrête et l'on recouvre la moyette avec un chapeau
formé d'une grosse gerbe renversée et liée solidement (*fig.* 28).

« Les moyettes peuvent aussi être construites de la manière
suivante (c'est la plus usitée) : on prend un certain nombre de

Fig. 28. — Élévation de la moyette à tiges   Fig. 29. — Moyette à tiges droites
         horizontales, coiffée.   non coiffée.

javelles, équivalant à trois ou quatre gerbes ; on les place debout, de manière à en former un faisceau, et on le lie à 20 ou
25 centimètres au-dessous de l'épi ; on ouvre ensuite ce faisceau
par le bas, de manière à lui donner du pied et à faciliter à l'intérieur la circulation de l'air (*fig.* 29); puis on couvre ce faisceau d'un chapeau formé d'une gerbe renversée dont on a ou-

vert les épis, et qu'on lie avec le sommet du faisceau (*fig*. 30).

« Cette seconde sorte de moyettes est plus prompte à construire que la première, mais elle défend moins bien les grains contre une pluie prolongée. Lorsque les grains sont exposés à séjourner longtemps sur le champ, on doit préférer la première méthode. »

Les moyettes peuvent être construites aussitôt que le blé est abattu, à moins qu'il ne soit très-mouillé ou ne contienne beaucoup d'herbes vertes. Dans ce cas, on ajourne jusqu'à ce qu'il soit un peu ressuyé. Étant bien faites, les moyettes peuvent durer jusqu'à un mois et plus; après quoi

Fig. 30. — Moyette à tiges droites, coiffée.

on met en gerbes, et on rentre ou on bat sur place.

263. Y a-t-il quelques précautions à observer dans la confection des gerbes ?

Leur grosseur doit être d'environ $1^m,30$ de circonférence ; moins grosses, ce sont du temps et des liens de perdus; plus grosses, elles ne sont pas maniables et fatiguent beaucoup les chargeurs. Les meilleurs liens sont faits habituellement de paille de seigle. Pour qu'ils soient plus solides, il faut les tordre à l'avance, les mouiller pour s'en servir et lier avec une cheville de bois afin de pouvoir serrer plus fort.

Dans la Brie, on se sert très-avantageusement des écorces de tilleuls coupées en lanières. Elles servent plusieurs années de suite et ne coûtent pas cher.

Les gerbes faites avec l'un ou l'autre lien, on engrange, ou on met en meule.

§ 3. De l'arrachage des racines.

264. Parlez-nous de l'arrachage des racines et des tubercules.

Il se fait d'ordinaire à la main, avec la fourche ou la houe, et c'est le procédé le plus parfait, quand les plants sont irrégulièrement disposés, pour ne pas perdre de produits. Mais on peut aussi bien et mieux se servir du buttoir ou d'une charrue sans versoir, quand les racines ont été plantées en lignes; et le travail de cet instrument, par la rapidité de l'exécution, par une grande économie de main-d'œuvre, et par le labour qu'il donne en même temps à la terre, doit être préféré quand on est à même de l'employer.

CHAPITRE XIV

CULTURES SPÉCIALES. — LES CÉRÉALES.

265. Qu'appelle-t-on céréales et quelles sont les principales que l'on cultive?

Les céréales sont les graminées farineuses dont les grains servent à la nourriture de l'homme et des animaux. On y ajoute le sarrasin à cause de l'analogie de ses usages, bien qu'il soit d'une famille toute différente.

Les principales céréales de la culture française sont le blé, le seigle, l'orge, l'avoine, le maïs et le sarrasin.

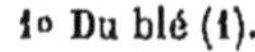

1o Du blé (1).

266. Quelles sont les principales variétés de blés?

On les divise d'abord en deux espèces entièrement différentes:

1° Les froments, dans lesquels le grain se détache nettement de l'épi par le battage (*fig.* 31);

2° Les épeautres (*fig.* 32) dont la balle reste adhérente au grain et ne s'en sépare que difficilement. On les cultive peu et leur seul mérite est de prospérer dans de mauvais sols où les froments ne viendraient pas.

267. Quelles sont les principales divisions des froments?

On les divise :

1° En blés tendres et en blés durs.

Les blés durs ou glacés se reconnaissent à la cassure du grain qui a l'apparence de la corne, tandis que dans les blés tendres ou blancs la cassure du grain est farineuse.

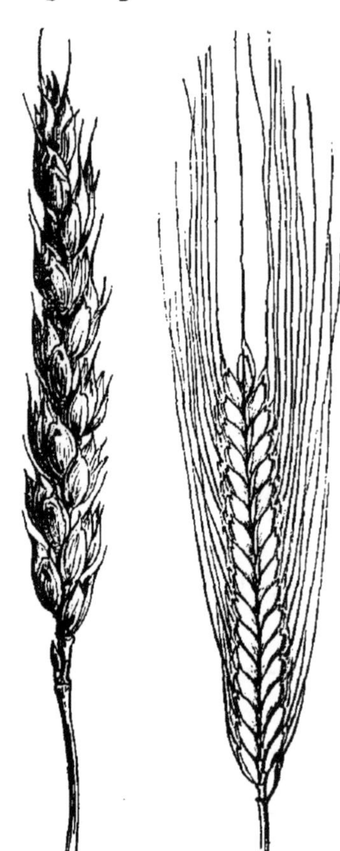

Fig. 31. — Blé richelle
de Naples.   Fig. 32. —
Petit épeautre.

Les blés tendres sont plus estimés des boulangers ; le pain qu'on en obtient est plus blanc et plus léger.

(1) Voy. Girardin et Dubreuil, t. I, p. 577-617 ; et *Livre de la Ferme*, t. I, p. 173-189.

Les blés durs donnent un pain plus gris, plus lourd, plus frais, mais aussi plus nourrissant, et qui durcit moins vite.

Les blés durs se conservent plus long-temps et sont bons pour l'exportation. Ils viennent principalement dans le Midi, en Algérie, dans les pays chauds, tandis que les blés tendres sont au contraire plus spéciaux aux pays du Nord.

Les blés tendres se transforment peu à peu en blés durs dans les terrains compactes et humides, les blés durs deviennent tendres dans les sols légers et calcaires. On peut prendre pour exemple des blés tendres le *blé de Hongrie* (*fig.* 33), et pour celui des blés durs l'*aubaine de Taganrog* (*fig.* 34).

2° En blés barbus et en blés sans barbes.

Les blés barbus (*fig.* 34, 36) sont plus robustes, et leurs barbes les défendent des attaques des oiseaux ; mais ces mêmes barbes sont une difficulté pour faire consommer les pailles par les animaux.

3° En blés d'hiver (*fig.* 35) et en blés de printemps (*fig.* 36), ainsi nommés parce que les uns se sèment en automne, les autres en mars.

Les blés d'hiver rendent beaucoup plus en paille, en grain et en farine ; mais ceux de printemps peuvent être d'une grande ressource quand la terre n'a pas été façonnée à temps pour les premiers, ou que l'hiver les a détruits. On distingue encore des espèces différentes suivant la hauteur des pailles, leur extérieur

Fig. 33. — Blé de Hongrie.

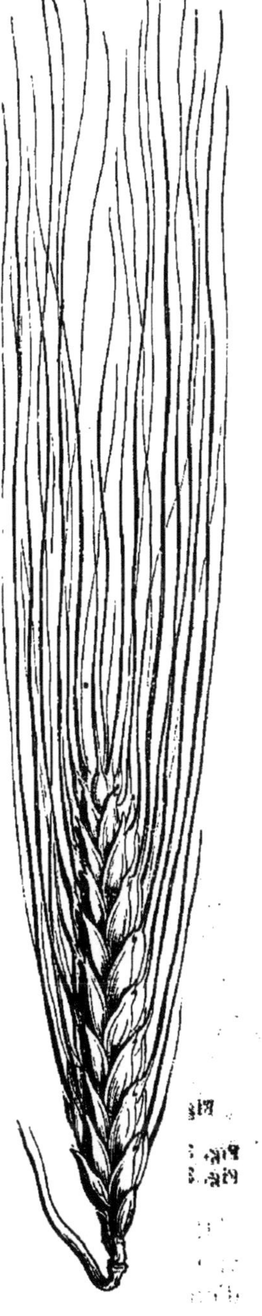

Fig. 34. — Blé aubaine de Taganrog.

plein ou creux, leur force ou leur finesse, leur plus ou moins de qualités nutritives, etc.

La force des pailles est à considérer pour se préserver de la verse. Malheureusement elle n'est pas toujours en rapport direct avec le pouvoir nutritif et le goût des animaux.

268. Quels sont le climat et le sol qui conviennent au froment ?

Le froment craint les extrêmes du chaud et du froid; il appartient essentiellement aux climats tempérés. Comme il mûrit tardivement, il veut des terres qui, sans être noyées, lui conservent jusqu'à la fin un peu d'humidité. Aussi s'accommode-t-il mieux, dans notre pays, des sols un peu compactes et argileux que des terres légères. Cependant il lui faut au moins un peu de calcaire pour donner pleine récolte.

Il n'exige pas beaucoup de profondeur du sol, mais il le veut propre et ameubli. Pourtant un ameublissement trop récent ne lui convient pas; mieux vaut que la terre ait eu le temps de s'affermir et de se tasser un peu. Cela tient à ce que les racines du blé ne plongent pas, mais s'étendent horizontalement, et que, dans un sol trop meuble, elles seraient trop exposées à l'air et n'auraient pas assez d'assiette.

Fig. 35.　　　　Fig. 36.

Fig. 35. — Blé d'hiver commun.
Fig. 36. — Blé barbu de printemps.

Il aime aussi que le sol soit riche, mais non pas que la fumure vienne d'y être appliquée, parce que les fumiers qu'on vient d'enterrer lui donneraient une végétation trop fougueuse, et parce qu'ils sont toujours pleins de graines de mauvaises herbes contre lesquelles le jeune blé se défend mal. On doit donc, en vue du blé, fumer autant que possible la récolte précédente.

269. Quelles précautions spéciales doit-on observer dans les semailles des blés ?

Nous avons déjà vu (chap. XI) comment elles se pratiquent, soit à la volée, soit en lignes au semoir ou au rayonneur-compresseur. Il faut avoir soin, avant de livrer les semences au sol, de les nettoyer complétement en les passant au tarare ou à l'instrument nommé *trieur* (*fig.* 37). On les nettoierait même à la

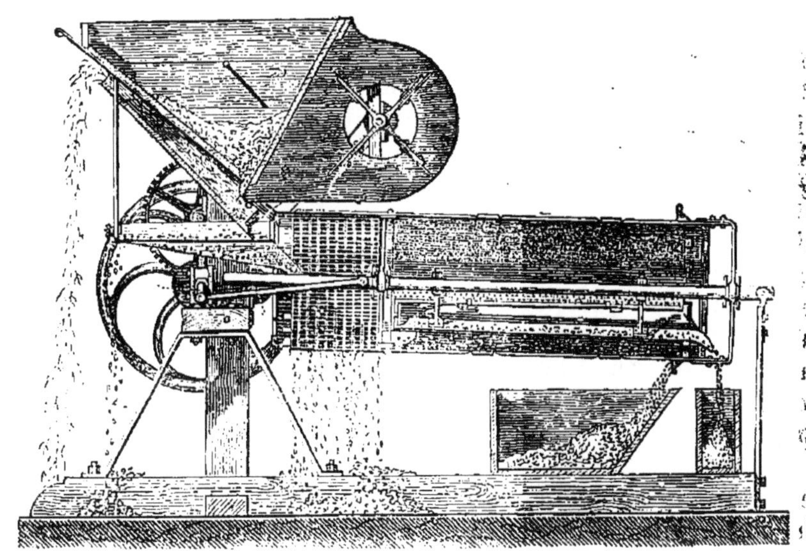

Fig. 37. — Trieur.

main qu'on en gagnerait encore les frais par l'augmentation du rendement.

Il n'est pas nécessaire de choisir seulement les plus gros grains ; les petits valent autant, pourvu qu'ils ne soient ni ridés, ni mal conformés.

On les chaule (voyez n° 443) pour les préserver de la carie, du charbon, etc.

Ce n'est qu'après toutes ces opérations que le blé doit être semé.

Plus la terre est riche, moins il faut de semence. La moyenne, quand on sème à la volée, varie entre 150 et 250 litres par hectare ; avec le semoir ou le rayonneur-compresseur 100 litres peuvent suffire. Si aucun grain n'était perdu, il n'en faudrait que 75 au plus.

Le blé demande à être enterré aussitôt que semé ; la profondeur varie et se subordonne à la question d'humidité ; elle doit être plus grande dans les terres légères et pour les blés de printemps, que dans les terres fortes et pour les blés d'hiver, plus grande également dans le Midi que dans le Nord.

270. Quelles sont les principales cultures d'entretien auxquelles le blé donne lieu ?

Il y en a beaucoup pour l'agriculteur soigneux, bien que le commun des cultivateurs en néglige la plupart, au détriment des récoltes. Les principales sont : les rigolades, les rehersages et les roulages, les épamprages et les sarclages.

271. En quoi consiste le rigolage ?

Une fois le blé semé, quand la terre est humide et compacte, on y trace, avec une charrue à double versoir, suivant la conformation du terrain et les lignes d'inclinaison, des rigoles destinées à l'écoulement des eaux pluviales. C'est très-important. Si le blé aime une terre un peu humide, il déteste les sols noyés et les eaux qui séjournent sur son pied.

272. Pourquoi reherser et rouler ?

Pour sarcler et biner et pour appuyer le sol, briser les mottes et butter en quelque sorte le pied du blé. Ces opérations ont lieu au printemps sur les blés d'hiver surtout. La terre rapportée autour du collet des jeunes plantes y fait venir des racines adventices ; il en résulte que le blé *talle*, c'est-à-dire que chaque pied multiplie ses tiges et ses épis.

On roule sur les terres légères, on herse sur les terres fortes, et cela énergiquement et sans crainte d'arracher quelques plants, inconvénient plus que compensé par la vigueur qu'on donne au reste.

Rien n'est plus important que ce hersage. Voici ce qu'en pensait l'illustre agronome Thaer : « Il faut se livrer à cette opération sans aucune des craintes dont la première fois on aura beaucoup de peine à se défendre. Si après cela le champ a toute l'apparence d'avoir été semé récemment, de sorte qu'à peine on y aperçoive une feuille verte, et qu'on n'y voie plus autre chose que la terre, c'est alors que l'opération a le mieux réussi. »

Souvent, on se contente (à tort) d'une opération intermédiaire au hersage et au roulage ; elle consiste à faire passer sur le blé une herse renversée sur le dos, les dents en l'air. On appelle cela *ploutrer* ou *repoutrer*. Dans les blés semés en lignes on fait passer la houe-bineuse entre les rangs, et s'il fait sec, on roule ensuite.

273. Qu'est-ce que l'épamprage ?

On appelle ainsi une opération qui consiste à diminuer au printemps (en avril ou en mai) l'excès de végétation herbacée des blés, qui amènerait de la verse et nuirait au développement des épis. On épampre soit en coupant à la faux ou à la faucille le sommet des feuilles et des jeunes tiges, soit en faisant passer un troupeau de moutons sur le champ ; mais pour cela il faut avoir un berger adroit et intelligent et qui soit bien sûr de ses chiens.

274. Comment et sur quelles plantes s'opèrent les sarclages ?

Après les hersages du printemps (et les binages des blés en lignes), il se développe encore parmi les blés toute une végétation parasite. On est obligé de prendre son parti des petites plantes ; mais les grandes, comme les chardons et les nielles, salissent trop la récolte, en se mêlant à la paille et au grain, pour qu'on puisse les laisser.

Quant aux chiendents, leurs racines sont trop traçantes pour qu'il soit possible de les détruire autrement que par des labours subséquents.

Le premier des sarclages est celui des seigles qui se trouvent dans les blés. Il s'opère très-facilement. Les seigles sont montés et épiés dès le mois d'avril ou celui de mai, longtemps avant le blé. Une femme ou un enfant passe dans le champ, et abat les têtes à la faucille pour éviter le mélange des grains, ou mieux, les arrache à la main.

L'échardonnage vient ensuite ; il y a, à ce sujet, deux règles à observer :

1° Ne pas attendre que les graines du chardon soient mûres ; car, en ébranlant la plante pour l'arracher, on la ressèmerait.

2° Ne pas se contenter de couper la plante au collet. Si la racine n'est pas enlevée, au lieu d'une tige qu'on a supprimée, il en repousse cinq ou six.

On se sert, pour échardonner, de longues tenailles en bois nommées *moettes* (*fig.* 38) qui sont en tout supérieures aux sarclettes, sortes de petites bêches avec lesquelles on fait plus de mal que de bien.

Il est important d'enlever aussi les sanves ou moutardes sauvages, les nielles, les ivraies dont les graines se mêleraient au blé dans le battage, et le saliraient.

275. Quelles sont les causes de la verse des blés ?

La verse des blés a pour cause immédiate un vice du chaume, trop faible pour résister au vent et à la pluie. Cette faiblesse, à son tour, est due à plusieurs causes agissant, soit ensemble, soit séparément. Les plus ordinaires sont :

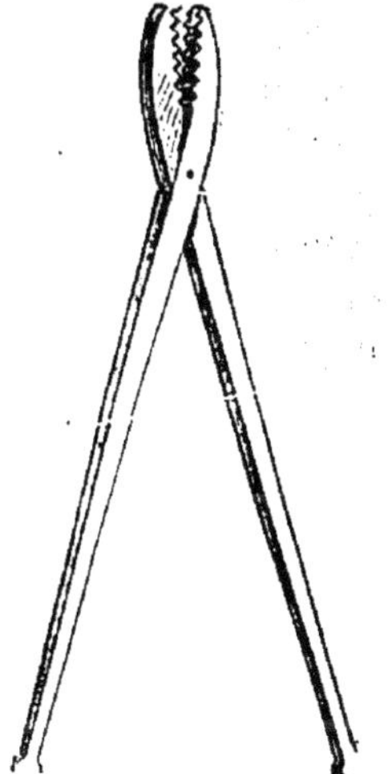

Fig. 38. — Moette.

1° Des semailles trop drues. — Quand on sème le blé trop dru, il talle mal, les pieds trop rapprochés se nuisent mutuellement et ne fournissent que des plantes chétives. Au contraire, le blé semé plus clair, et hersé énergiquement au printemps avec la herse de fer (voyez n° 272), talle vigoureusement, se fait une paille solide et fortement enracinée, et l'air qui court entre les chaumes contribue encore à les fortifier. Tout le monde a pu observer que les bords d'une pièce de blé sont bien plus rarement versés que le centre. Cela tient simplement à ce que les plantes y sont plus aérées et moins pressées les unes contre les autres.

2° Le retour trop fréquent du blé sur la même terre. — La paille contient naturellement une matière saline qui se retrouve dans les os des animaux (*phosphate de chaux*), et une matière minérale analogue à la pierre à fusil (*silice*); ce sont ces substances qui lui donnent la solidité nécessaire pour résister à la pluie et au vent. Mais le sol ne contient jamais qu'une petite quantité de phosphate et de silice en état d'être absorbés par les plantes. Si donc on y fait revenir trop souvent le blé, ou des plantes également avides de silice et de phosphate, telles que le colza, le sol s'épuise et n'en fournit plus du tout, et alors il ne peut plus se produire que des chaumes sans force. Si, au contraire, on a recours à un assolement où le blé et le colza reviennent moins souvent, le phosphate et la silice auront le temps de se renouveler dans le sol, et les chaumes retrouveront les éléments nécessaires à leur solidité.

3° Le manque de renouvellement des semences. — Ce renouvellement est une règle qui doit être observée scrupuleusement par tous les cultivateurs éclairés. Un bon fermier ne conserve pas plus de trois ans le blé provenant de son exploitation; autrement, il le verrait bientôt dégénérer par l'amaigrissement des épis et l'affaissement de la paille. On doit toujours tirer les blés de semence d'un pays situé plus au nord, ou au moins sous la même latitude que celui où l'on habite, si l'on veut conserver toutes les chances possibles d'en maintenir la qualité ou même de l'améliorer. Les blés tirés des contrées méridionales pour être cultivés au nord dégénèrent immédiatement.

4° Des fumures intempestives. — Le blé ne veut pas être trop fumé, et surtout (excepté dans les terres légères très-chaudes) il ne veut pas être semé immédiatement après une fumure. Le fumier trop récent augmente encore les chances de verse en développant les feuilles outre mesure et en alourdissant les chaumes sans leur donner plus de force.

5° N'oublions pas les labours trop superficiels, qui ont le double tort de ne pas permettre aux racines de pénétrer assez profondément pour bien soutenir les plantes, et surtout de ne pas renouveler la couche arable, qui se trouve épuisée d'autant plus promptement qu'elle est plus mince.

276. Ces causes de la verse étant admises, quels sont les moyens d'y médier ?

Ils s'indiquent d'eux-mêmes. Il s'agit de semer plus clair et e herser au printemps; d'adopter un assolement dans lequel blé, ou les plantes qui épuisent le sol de la même manière ue le blé, reviennent moins coup sur coup sur la même terre ; e renouveler les semences en choisissant judicieusement les ices à paille solide, d'augmenter la profondeur des labours, et nfin de fumer la récolte précédente et non le blé lui-même.

Nous avons insisté sur ce sujet de la verse des blés, parce que 'est un mal qui, si l'on n'y prend garde, deviendra plus géné- al et plus commun d'année en année. Les remèdes que nous ndiquons suffisent parfaitement pour en garantir les cultiva- eurs ; mais il faut que les cultivateurs veuillent bien les prati- uer.

277. A quelle époque doit-on moissonner le blé, et quel en est le endement moyen ?

La théorie et l'expérience sont d'accord pour décider qu'on ne oit pas attendre la parfaite maturité, l'instant où le grain est rêt à se détacher par lui-même de l'épi. Déjà quelque temps vant les racines ont cessé de vivre, et la partie de la tige située mmédiatement au-dessous de l'épi a commencé à se dessécher. partir de ce moment la maturité du grain s'achève aussi bien ar terre, et surtout en moyettes, que debout.

Dès lors il y a avantage à moissonner de bonne heure, c'est-à- ire une huitaine environ avant la parfaite maturité, pour évi- er la perte des grains dans les épis trop mûrs, et avancer d'au- ant les travaux et l'utilisation des bras disponibles.

Le grain moissonné tôt est plus pesant.

Une considération cependant peut retarder : dans les années luvieuses, le grain moissonné avant parfaite maturité est plus ujet à germer. Dans ce cas, il vaut mieux attendre.

La bonne moyenne qu'on doit chercher à atteindre est de 25 40 hectolitres par hectare. Cependant la culture française est oin de les obtenir, car le rendement moyen général est en rance de 13,64 hectolitres seulement. Cela indique qu'on cul- ive mal, sans fumier, et sur des terrains qui ne se prêtent pas u blé. En Angleterre il est de 30 hectolitres !

L'hectolitre de bon grain doit peser d'ordinaire 80 kilos envi- ron, et répondre à une quantité de 120 à 175 kilos de paille ou à peu près. Pour les semailles, le meilleur choix que nous conseil- lions dans le Nord est un mélange de blé blanc dit de Bergues et de bon blé de Saumur. Le meunier recherche beaucoup ces deux blés. Pour le cultivateur, celui qui rend en général le plus, c'est le blé dit de Noé ou blé bleu. Plus le blé est mélangé de

bonnes sortes bien choisies par la concordance de leur maturité
plus il y a certitude de succès.

2° Du seigle (1).

278. Quelles différences y a-t-il entre le seigle et le blé?

Le seigle réussit très-bien dans les terres pauvres et légères
Sa pàille est très-belle, haute et forte; elle sert à faire les lien
pour les gerbes. Mais le grain de seigle es
plus petit, et le pain qu'on en fait beau
coup moins riche et moins nutritif que celu
de froment. D'ailleurs dans les bonnes terre
le blé produit davantage. Toutes ces cause
font que, sauf quelques exceptions spéciales
on ne cultive de seigle que là où le fromen
ne viendrait pas.

279. Quel climat et quel sol conviennent a
seigle?

Il supporte mieux le froid que le blé
mais il craint beaucoup l'humidité et réussi
mieux dans les sables que dans l'argile
Aussi un vieux proverbe rural dit : Sèm
ton seigle en terre poudreuse. Il demand
que la terre ait été bien préparée, bie
ameublie, mais qu'on l'ait laissée ensuite s
rasseoir, se tasser. Comme pour le blé, o
doit fumer la récolte qui précède.

280. Comment se font les semailles du seigle

Le seigle d'hiver (*fig.* 39) que l'on cultiv
presque exclusivement, se sème en au
tomne, de bonne heure, dès le mois d
septembre; car au printemps, il monter
tout de suite en tige, et il faut qu'il talle u
peu avant l'hiver. On sème, par les an
ciennes méthodes, de 200 à 250 litres pa
hectare, plus que pour le blé, parce qu'i
talle beaucoup moins. Plus la terre est pau
vre, plus il faut de semence.

On enterre le seigle peu profondément
parce qu'il pourrit très-aisément.

Il lève au bout de huit jours; on le recon
naît alors à la coloration rougeâtre du col
let.

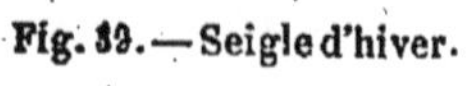

Fig. 39.—Seigle d'hiver.

(1) Voy. Girardin et Dubreuil, t. I, p. 617-620; et *Livre de la Ferme*, t. I, p. 190-
193.

281. Quelles cultures d'entretien faut-il appliquer au seigle ?

Après les semailles, on fait le rigolage, avec plus de soin encore que pour le blé, le seigle craignant davantage l'humidité. On roule en automne, parce que le seigle talle surtout à cette époque.

Les sarclages du printemps, avec les herses, sont moins indispensables que pour le blé ; le seigle, poussant de très-bonne heure, étouffe les mauvaises herbes. Cependant un bon coup de herse légère active singulièrement la végétation et augmente le rendement.

282. Quand et comment se fait la récolte ?

Quinze jours environ avant celle du blé.

Le grain du seigle perdrait beaucoup s'il survenait des pluies quand il est en javelles ; il faut le mettre au besoin en moyettes, et le rentrer le plus tôt qu'on peut.

D'ailleurs on est obligé d'en battre tout de suite une certaine quantité, afin d'avoir des liens pour les autres céréales.

283. A combien évalue-t-on le rendement du seigle ?

Sur les sols riches il doit aller jusqu'à 30 hectolitres et plus ; mais 20 hectolitres par hectare font déjà une belle récolte, et même 15, dans les mauvaises terres où souvent on le relègue. On doit chercher à obtenir pour la paille le rapport moyen de 175 à 180 kilos, pour un hectolitre de grain pesant 72 à 75 kilos. Le produit moyen général, d'après la dernière statistique officielle, est par hectare de 11,50 hectolitres de grains et de 16,45 quintaux de paille.

3° De l'orge (1).

284. Quels sont les avantages de cette céréale ?

Elle est très-rustique ; on l'emploie, dans le Nord, pour la fabrication de la bière ; et dans le Midi elle remplace, pour les chevaux, l'avoine qui les stimulerait trop.

285. Quelles sont les principales espèces d'orge cultivées en France ?

Ce sont :

1° L'*orge d'hiver*; elle est très-productive, et mûrit tardivement; les épis sont sujets à se séparer de la tige. On ne la cultive guère que dans le Midi. Dans le Nord, les grands hivers pourraient la compromettre.

2° Les orges de printemps (*fig.* 40); la plus cultivée est l'*orge à deux rangs*. Elle donne de bons produits, et la paille en est forte.

On cultive peu l'orge à six rangs.

L'*orge nue* ou *orge céleste* est très-productive et estimée des

____
(1) Voy. Girardin et Dubreuil, t. I, p. 620-626 ; et *Livre de la Ferme*, t. I, p. 193-196.

Fig. 40. —
Orge à deux rangs.

brasseurs; mais ses grains ne sont pas protégés par les balles, et la moindre pluie leur donne une teinte brune qui les déprécie sur les marchés. La difficulté de rentrer a fait renoncer la plupart des fermiers à cette culture.

286. Quels climats et quels sols conviennent à l'orge ?

C'est la céréale dont la culture s'avance le plus au Nord et au Midi, à cause de la rapidité de sa végétation qui lui permet, dans les climats chauds, de parcourir toutes ses phases avant la sécheresse de l'été, et, dans les climats froids, de mûrir avant les premiers froids de l'automne.

Tous les sols lui sont bons, pourvu qu'ils ne soient pas très-humides ni très-compactes. Elle réussit très-bien sur les terres à blé; quelquefois même on la préfère, comme moins sujette à la verse.

287. Comment procède-t-on aux semailles ?

Il faut semer l'orge d'hiver de très-bonne heure, dès la fin d'août, afin qu'elle puisse taller avant l'hiver et résister aux grands froids; elle veut un sol très-ameubli; l'orge, dit-on avec raison, se sème dans la poussière.

Pour l'orge de printemps, il faut attendre que les gelées soient tout à fait passées; on sème à raison de 2 hectolitres 50 à 4 hectolitres par hectare, selon que la terre est riche ou pauvre. On enterre peu profondément, parce que ce grain germe très-vite, et que quelques jours de pluie suffiraient pour le pourrir.

288. Quelles cultures d'entretien faut-il appliquer ?

L'orge se laisse aisément envahir par les mauvaises herbes. Il est bon, à cause de cela, qu'elle soit précédée d'une récolte sarclée, pour nettoyer la terre.

On doit sarcler, en outre, quinze jours ou trois semaines après la levée du grain, puis, au printemps, rouler, reherser, échardonner.

289. Comment se fait la récolte de l'orge ?

C'est la céréale dont la récolte demande le plus d'activité. Quand elle est en javelles sur le sol, deux ou trois jours suffisent pour que les grains soient en partie germés.

On moissonne l'orge de bonne heure, en même temps que le seigle. Il ne faut pas attendre la complète maturité, à cause de la facilité avec laquelle elle s'égrène, et de la fragilité de l'épi mûr qui se détache de la tige. Dès que la paille est jaune, avant qu'elle ne blanchisse, on agit.

On fauche le matin et le soir, aux heures fraîches, pour éviter que l'épi ne se casse.

La paille étant plus sèche que celle des autres céréales, si l'orge est propre, on la rentre deux heures après l'avoir coupée. Elle devrait rendre de 35 à 40 hectolitres de grain par hectare ; mais le rendement habituel ne dépasse guère 16. Chaque hectolitre doit peser environ 65 kilos pour les orges d'hiver, 55 pour les orges de printemps. Pour 100 kilos de grain, on doit obtenir environ 180 kilos de paille. D'après la dernière statistique officielle, le rendement général moyen de l'orge est par hectare de 15,46 hectolitres, et de 11,64 quintaux de paille.

4° De l'avoine (1).

290. Parlez-nous de l'avoine.

Cette céréale sert presque exclusivement, en France, à la nourriture des chevaux ; la paille en est aussi très-nourrissante, on la fait consommer par les bêtes bovines.

291. Quelles sont les principales variétés ?

Pour cette céréale comme pour les autres, il y a des variétés d'hiver et d'autres de printemps.

La variété qu'on sème en automne (*avoine commune d'hiver*) peut aussi se semer au printemps, mais elle donne alors de moins beau grain.

L'*avoine commune de printemps* (*fig.* 41) est la plus cultivée ; mais elle est moins rustique que la précédente, et la maturité en est plus tardive.

292. Quels climats et quels sols conviennent à cette culture ?

L'avoine craint les grands froids et les alternatives de gelées et de dégels ; c'est pourquoi il n'est pas toujours prudent de faire partout des avoines d'hiver, quoiqu'elles soient les plus productives. Quant au sol, elle n'est pas difficile, et ne craint que les sables arides ou trop calcaires.

(1) Voy. Girardin et Dubreuil, t. I, p. 627-631 ; et *Livre de la Ferme*, t. I, p 198-199.

Fig. 41. — Avoine commune.

293. Parlez des semailles et des cultures d'entretien de l'avoine.

On sème dès février ou mars, soit en lignes, soit à la volée, de 3 à 4 hectolitres par hectare, suivant que la terre est plus ou moins bonne. On enterre profondément pour éviter le déchaussement. A cet effet même, dans les sols légers, on sème sous raies (voyez n° 234). Quant aux soins d'entretien, ils sont les mêmes que pour le froment.

On ne doit pas oublier de reherser les avoines de printemps aussitôt que les mauvaises herbes apparaissent; sans cette précaution, la sanve (moutarde sauvage), par exemple, poussant plus vite, étoufferait l'avoine.

294. Parlez de la récolte et du rendement.

On moissonne l'avoine après le blé; si elle est longue, on fauche en dedans; si elle est courte, en dehors, comme les fourrages. Le rendement doit aller de 40 à 60 hectolitres par hectare, et à 50 hectolitres c'est une belle récolte. L'hectolitre doit peser moyennement 45 à 50 kilos, et répondre à 65 ou 70 kilos de paille. Le rendement général moyen n'est pourtant par hectare que de 19 hectolitres de grains et de 12 quintaux de paille.

5° Du maïs (1).

295. Parlez-nous du maïs.

Le maïs ou blé de Turquie demande un climat chaud et n'est cultivé que dans le centre, et surtout dans le midi de la France. Dans le nord, il ne mûrit que par exception : cependant il vient jusqu'aux environs de Meaux.

(1) Voy. Girardin et Dubreuil, t. I, p. 640-651 ; et *Livre de la Ferme*, t. I, p. 199-200.

Le grain du maïs nourrit l'homme et les animaux ; les volailles, surtout, en sont très-friandes. On peut aussi en faire de la bière.

La paille sèche est une excellente litière ; verte, c'est un délicieux fourrage.

Les enveloppes (*spathes*) des épis femelles sont un bon fourrage ; étant séchées, elles remplacent avantageusement la paille de seigle pour remplir les paillasses.

Le maïs est la récolte sarclée qui tient lieu, dans le midi de la France, des racines qu'on cultive dans le nord.

Il s'accommode à peu près de toutes les espèces de sols, pourvu qu'ils soient bien meubles et bien fumés.

Dans le Midi, il réussit surtout dans les terres fortes ; à mesure qu'on remonte vers le Nord, il lui faut des terres plus légères, parce que ce sont les plus chaudes.

296. Dites-nous quelques mots de la culture et de la récolte du maïs.

On sème en mai ou à la fin d'avril, en lignes, pour faciliter les binages à la main, ou mieux, au semoir à brouette.

On bine et on sarcle plusieurs fois.

Quand l'épi commence à se former, on butte ; on retranche les tiges latérales, et, après la fécondation, les épis mâles qui garnissent le sommet ; ils peuvent être donnés comme d'excellents fourrages verts.

Le rendement peut être de 35 à 70 hectolitres par hectare. L'hectolitre doit peser de 65 à 75 kilos.

100 kilos de grains doivent répondre à 200 kilos de tiges, 25 kilos de spathes et 50 kilos de *rafles* (épis dépouillés de leurs grains), dont on pourrait tirer parti pour les animaux en les leur concassant et en les faisant macérer ou cuire. Le rendement moyen général du maïs est de 14 hectolitres de grain et de 7,75 quintaux de paille par hectare.

Fig. 42.— Sarrasin commun.

6° Du sarrasin (1).

297. Dites quelque chose du sarrasin.

Le sarrasin ou blé noir (*fig.* 42) ; sert à la fois à la nourriture de l'homme et à celle des animaux. Son grain vaut l'orge pour les cochons ou les volailles, et l'a-

(1) Voy. Girardin et Dubreuil, t. I, p. 631-634 ; et *Livre de la Ferme*, t. I, p. 206-208.

voine pour les chevaux ; mais comme il est dur, il faut le concasser avant de le leur donner.

On s'en sert aussi comme fourrage vert et comme engrais vert.

Il est assez sensible à la température, craint les vents froids, la sécheresse, la gelée blanche, la grande chaleur, la pluie pendant la floraison ; aussi réussit-il surtout en Bretagne, où le climat est très-égal et très-doux.

298. Quels en sont la culture et le rendement ?

On sème en mars, sur terre meuble. Il exige peu de fumier et nuls soins d'entretien, poussant très-vite et par conséquent se défendant très-bien contre les mauvaises herbes.

On récolte en fauchant ou en arrachant à la main pour moins égrener. Le grain ne craint guère l'humidité. Le rendement va de 10 hectolitres de grain en Bretagne à 30 hectolitres en Flandre; par hectare en moyenne générale, 15 hectolitres de grain et 10 quintaux de paille.

Le sarrasin rend de grands services comme fourrage vert, car on le peut semer successivement de façon à en avoir toujours. Il éloigne les vers blancs, et, mêlé avec le colza de pépinière, si on l'a semé le premier, il chasse le puceron.

Quand on fait manger le sarrasin sur place aux moutons, il faut être attentif, car il arrive qu'ils contractent des affections passagères, par exemple une éruption rougeâtre qui leur fait gonfler la tête.

CHAPITRE XV

299. Qu'entendez-vous par ces mots : *légumineuses farineuses ?*

Nous entendons les espèces de la famille des légumineuses dont les semences servent à la nourriture de l'homme et des animaux.

On les cultive aussi comme fourrages.

Les plus répandues dans toute la France sont les fèves, les haricots et les pois.

300. Parlez de la culture des fèves.

Il y a deux espèces de fèves : la *fève de marais*, cultivée surtout dans les jardins potagers et maraîchers, et la *fève gourgane* ou *fève de cheval* ou *féverole* (*fig.* 43), espèce à graines plus petites et plus nombreuses ; c'est celle-là qui est cultivée en grand et dont on ne connaît pas assez partout les précieux avantages.

Les féveroles réussissent très-bien dans les sols neufs, profonds, argileux. On sème au commencement de mars, et même en février, à la volée pour fourrage, et en ligne pour la graine.

Dans ce dernier cas, le semeur suit la charrue et laisse tomber
trois ou quatre graines par 30 centimètres, à moins qu'on
n'emploie les semoirs ou qu'on ne sème sur champ pour enfouir
à la charrue. La féverole ne craint pas
d'être enfouie en terre de 5 à 10 centimètres.

On herse vigoureusement avant et après
la levée, pour niveler et briser la croûte
qui s'opposerait à la sortie des jeunes plantes ; puis on donne deux binages : le premier quand la plante a atteint 10 centimètres ; le second, quand cette hauteur est
doublée.

On butte aussi dans les terres légères.

Une opération indispensable, quand les
cosses d'en bas commencent à se former,
c'est d'écimer ou étêter les tiges, soit en les
pinçant, soit en les faisant sauter avec une
lame de faulx ou de sabre. Cette pratique
fortifie la plante et détruit les *pucerons*, qui
s'attaquent surtout à la cime.

Fig. 43. — Féverole.

La récolte a lieu en août ou en septembre, ou même en octobre
dans le Nord, à la faucille ou à la faux. Elle est d'une immense
ressource pour les chevaux. Le produit peut atteindre jusqu'à
25 hectolitres de graines par hectare. Chaque hectolitre doit
peser en moyenne 80 à 90 kilogrammes.

La féverole pour fourrage se récolte un peu plus tôt que la
féverole pour graine.

On doit obtenir sur un hectare environ 2,500 kilogrammes de
fanes sèches.

301. Indiquez la culture des autres légumineuses à graines farineuses.

Elle diffère peu de celle des fèves et varie suivant les sols, les
climats et le but qu'on se propose, fourrage ou graines. Mais ces
cultures étant beaucoup moins générales, nous ne pouvons entrer
ici dans les détails qui conviendraient (1).

CHAPITRE XVI

LES RACINES ET LES TUBERCULES ALIMENTAIRES.

302. Quelles sont les principales racines que l'on cultive en grand ?

Les pommes de terre, les topinambours, les betteraves, les
carottes, les raves et les navets.

(1) Compléter ce chapitre avec Girardin et Dubreuil, t. I, p. 739-766 ; et *Livre de
la Ferme*, t. I, p. 253-264.

1° De la pomme de terre (1).

303. Quelles sont les principales variétés de pommes de terre ?

On les divise suivant la forme :

En *patraques* ou rondes (*fig.* 44) ;

En *parmentières* ou pommes de terre aplaties (*fig.* 45) ;

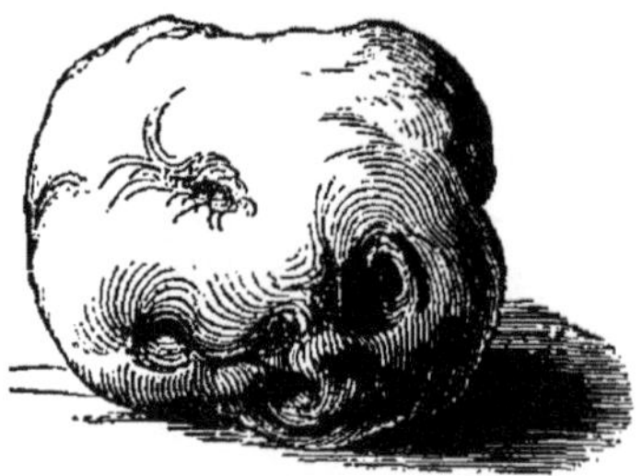

Fig. 44. — Patraque jaune.

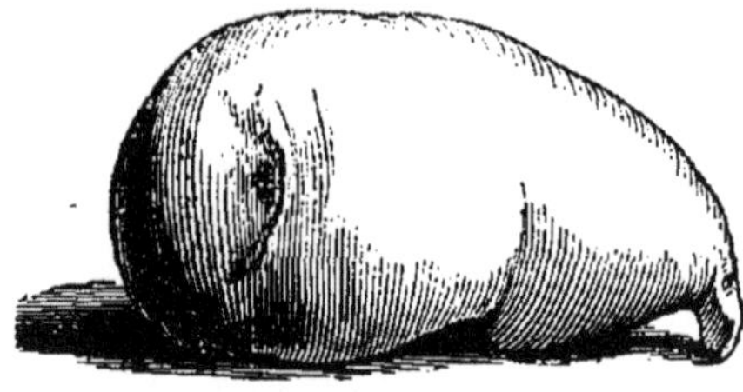

Fig. 45. — Parmentière jaune, lisse, hâtive,
ou marjolin.

Et en *vitelottes* ou pommes de terre cylindriques (*fig.* 46) ;

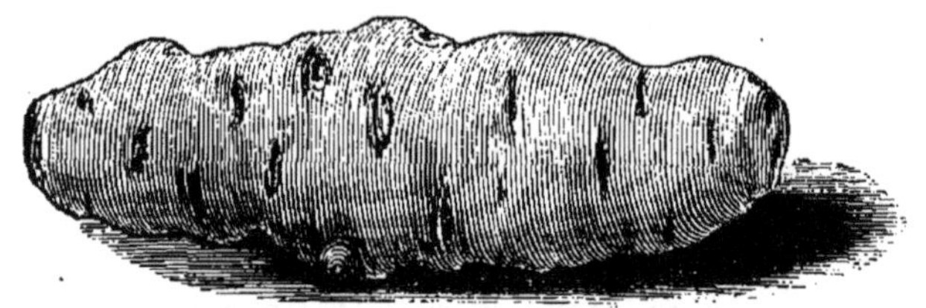

Fig. 46. — Vitelotte rouge longue.

Elles se distinguent aussi en *coureuses* et en *non coureuses*, suivant que leurs racines et leurs tubercules s'étendent plus ou moins.

On évite les coureuses en grande culture à cause des difficultés de l'arrachage.

Enfin on les distingue encore en *hâtives* et en *tardives*, suivant qu'elles sont bonnes à arracher au mois d'août, ou au mois d'octobre seulement.

304. Quels climats et quels sols les pommes de terre cherchent-elles ?

Les tubercules craignent l'hiver ; quelques degrés de froid suffisent pour les geler, et alors ils perdent beaucoup de leur valeur nutritive et pourrissent très-aisément.

La pomme de terre préfère partout les terres légères et sa-

(1) Voy. Girardin et Dubreuil, t. II, p. 4-53 ; et *Livre de la Ferme*, t. I, p. 265-281.

blonneuses aux terres fortes; quand elle sort de ces terrains, elle est de meilleur goût, plus farineuse, et moins sujette à la maladie.

Comme les racines de la pomme de terre descendent beaucoup, il faut un sol ameubli et fumé à une bonne profondeur, très-sain avant tout.

305. Comment reproduit-on les pommes de terre ?

Soit de graine, soit de boutures, soit en plantant des tubercules (voyez n° 236).

Le dernier mode est seul employé en général, parce qu'il est de beaucoup le plus économique ; mais il se peut que la maladie force d'en venir aux semis de graine.

On choisit, pour planter, les tubercules moyens ; les petits diminueraient le rendement, et les gros augmenteraient les frais. On peut bien les couper en morceaux, pourvu que chacun d'eux porte au moins un œil. Mais le tubercule entier est toujours préférable. On plante en avril et en mai, d'autant plus tôt qu'on est plus dans le Midi et sur terre légère et chaude.

On doit mettre environ 25 hectolitres de tubercules par hectare, et planter sur chaque troisième raie de labour, avec espacement des tubercules entre eux, de 30 centimètres au moins.

306. Quelles sont les cultures d'entretien qui conviennent à la pomme de terre?

D'abord, dès qu'on voit paraître les jeunes pousses, on donne un hersage énergique, pour niveler le sol, le nettoyer et casser les mottes; puis autant de binages qu'il en faut pour tenir la terre toujours nette.

Quand on emploie la houe à cheval, ou la charrue, il faut toujours, néanmoins, biner à la main l'intervalle entre les plantes qui se trouvent sur la même ligne.

Le buttage, d'un effet incertain pour augmenter le rendement, a toujours l'avantage de permettre d'arracher à la charrue (voyez n° 264) ; car avec les pommes de terre non buttées, la charrue ne pénétrerait pas assez profondément.

On a proposé de pincer les tiges et d'arracher les fanes pour augmenter le rendement et éviter la maladie ; mais l'expérience a prouvé que la première de ces opérations est insignifiante, et que la seconde va contre le but qu'on se propose. En effet, ce sont les tiges et leurs feuilles qui excitent la formation des racines, et les enlever, c'est arrêter court le développement des tubercules et employer un remède pire que le mal. Nous en disons autant du fauchage préalable.

307. Y a-t-il à prendre, pour la récolte, des précautions particulières?

Oui. Il faut choisir un beau temps, car les pommes de terre

sont sujettes à pourrir dès qu'elles sont humides ; et ne pas attendre trop tard, de peur des gelées, qu'elles craignent aussi extrêmement.

308. Quel doit être aujourd'hui le rendement ordinaire d'un champ de pommes de terre bien cultivé ?

Il est assez variable depuis la maladie ; 100 à 150 hectolitres à l'hectare comptent à présent pour une très-bonne récolte. La moyenne générale, d'après la dernière statistique officielle, fait tomber le rendement à 70 hectolitres. La perte par la maladie est estimée à plus de 30 millions d'hectolitres pour toute la France.

2° Du topinambour (1).

309. Quels avantages peut-on tirer de la culture du topinambour ?

Cette plante (*fig.* 47, 48) peut remplacer la pomme de terre. Elle a, il est vrai, un goût moins délicat, et auquel

Fig. 47. — Topinambour, pied et tige.   Fig. 48. — Topinambour à tubercules rouges.

beaucoup de personnes ont de la peine à s'accoutumer ; mais elle est plus nourrissante et beaucoup plus rustique, et s'emploie parfaitement pour l'alimentation du bétail et même pour celle des hommes.

(1) Voy. Girardin et Dubreuil, t. II, p. 137-147 ; et *Livre de la Ferme*, t. I, p. 281-283.

Le topinambour s'accommode de tous les terrains, excepté des marécages ; il ne craint ni le froid ni la sécheresse, et les terres sèches et légères sont même celles dans lesquelles il se plaît le mieux.

Ses tubercules ne gèlent jamais ; il n'épuise pas le sol, vivant en grande partie aux dépens de l'atmosphère.

Ses tiges sont excellentes comme fourrage, soit vert, soit sec.

On lui reproche de salir les terres. Pour peu qu'on y ait laissé des tubercules, dit-on, ils repoussent et on a assez de peine à s'en débarrasser. Mais à cela près, il serait à désirer que cette culture se répandît dans notre pays.

On néglige trop le topinambour ; si on voulait le cultiver sérieusement, il rendrait les plus grands services au pays en général, et aux ouvriers pauvres en particulier.

310. Comment sème-t-on le topinambour ?

On plante les tubercules du 15 février au 15 mars, en lignes espacées de 50 à 60 centimètres entre elles, et en laissant, sur chaque ligne, un intervalle de 30 à 35 centimètres entre les tubercules.

Il faut, comme pour la pomme de terre, de 18 à 25 hectolitres de tubercules par hectare.

On ne doit jamais couper les tubercules qu'on plante, parce qu'ils pourriraient tout de suite.

311. Quels travaux d'entretien réclame cette culture ?

Les mêmes que la pomme de terre, mais sans tant de soin, ce que la plante est plus rustique. Il est bon de bien sarcler si on le peut. Les façons sont payées largement par le rendement.

312. Comment récolte-t-on les tiges et les tubercules ?

Quand on veut faire conosmmer les tiges en vert, on les coupe en septembre. Sinon, on les laisse sécher sur pied, et elles sont ainsi d'un bon usage, malgré la couleur noire et l'efflorescence blanchâtre que prennent les feuilles.

On s'en sert aussi pour faire des litières et pour chauffer le four.

Les tubercules, à moins que le terrain ne soit humide, se récoltent au fur et à mesure des besoins, car ils passent mieux l'hiver en terre qu'en cave, et d'ailleurs ils sont d'autant plus sains pour le bétail qu'on les a plus récemment arrachés.

Il est difficile de les arracher tous, et si l'on n'y prend garde, ils repoussent indéfiniment.

En Alsace on les laisse avec raison subsister plusieurs années comme des luzernières.

Pour en nettoyer tout à fait un champ, on n'a qu'à y lâcher des porcs, ou à le mener de demi-jachère en racines sarclées.

313. Quel est le rendement du topinambour ?

En moyenne on peut espérer 7 à 800 kilos de fanes sèches, et au moins 25 à 30,000 kilos ou environ 350 hectolitres de tubercules par hectare.

3° De la betterave (1).

314. Quels sont les usages de betterave (*fig.* 49) ?

On s'en sert dans l'économie rurale pour nourrir les animaux l'hiver, et dans l'industrie pour en tirer du sucre et de l'alcool.

Fig. 49. — Betterave commune.   Fig. 50. — Betterave disette ou champêtre.

Comme nourriture fraîche d'hiver, au moment où l'on n'aurait que des fourrages secs à donner aux animaux, cette racine a une très-grande importance, soit à l'état entier, soit à celui de pulpe.

315. Quelles sont les principales variétés que l'on cultive ?

Les principales betteraves alimentaires sont :

(1) Voy. Girardin et Dubreuil, t. II, p. 53-85 ; et *Livre de la Ferme,* t. I, p. 297-304.

1° La *disette* ou *betterave champêtre* (*fig.* 50), racine longue, peau rouge clair, chair variant du blanc au rose ; elle sort presque entièrement de terre. C'est une de celles qui acquièrent le plus de volume, mais qu'on estime le moins comme aliment malgré son grand rendement.

2° La *globe jaune* (*fig.* 51), racine ronde, plus petite que la précédente, mais plus riche en matière nutritive.

3° La variété sucrière dite *betterave blanche de Silésie* (*fig.* 52).

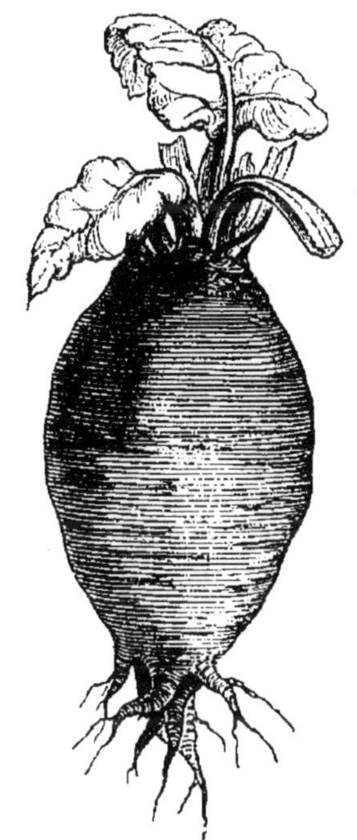

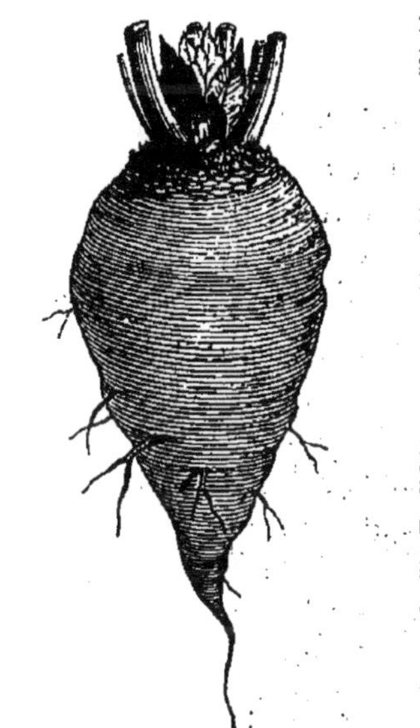

Fig. 51. — Betterave globe jaune.   Fig. 52. — Betterave blanche de Silésie.

C'est la plus riche de toutes en principes sucrés, et presque la seule qui soit cultivée par l'industrie betteravière (sucreries ou distilleries), malgré la petitesse de son volume.

316. Quels climats et quels sols conviennent à la betterave ?

La grande quantité d'eau que contient cette racine fait qu'une fois récoltée elle craint beaucoup la gelée.

Elle demande un sol riche, une terre à froment ; les calcaires et les sables n'ont pas assez d'humidité ni de profondeur pour elle.

Les betteraves pénètrent beaucoup dans le sol ; il leur faut donc un terrain net, meuble, fumé et labouré profondément.

317. Comment sème-t-on la betterave ?

En avril, à la volée, ou mieux avec le semoir ou le plantoir, ou enfin en pépinière que l'on repique comme le colza. On distance les lignes en moyenne de 50 à 60, et les plants sur ces lignes de 30 à 33 centimètres ; mais pour les sucreries on espace moins, et on sème sur ados.

On emploie habituellement 5 kilos de graines par hectare.

Il est bon, avant de semer, d'avoir détaché les graines les unes des autres en les froissant légèrement.

318. Quels travaux d'entretien demande cette culture ?

Un binage, dès que la plante a levé ; puis on éclaircit de manière à bien isoler tous les pieds ; et enfin on ajoute autant de binages qu'en réclame l'état du sol.

Il faut de plus butter les betteraves à sucre, la partie des racines qui est hors de terre perdant sans cela presque tous ses principes sucrés.

319. Comment récolte-t-on la betterave ?

On arrache soit à la main, soit à la charrue et par un temps sec autant que possible, en octobre.

La betterave doit être rentrée sèche et entière ; on la conserve jusqu'en mai, soit en grange, soit en cave, soit en silos.

320. Quel doit être le rendement moyen de la betterave ?

Il peut varier suivant les sortes employées. On considère 35 à 40,000 kilos à l'hectare comme une bonne récolte. Cependant certaines cultures dépassent énormément ce chiffre. L'hectolitre doit peser de 60 à 70 kilos. La moyenne générale du rendement en France est de 290 quintaux par hectare.

4° De la carotte (1).

321. Quel est l'usage de la carotte (*fig.* 53) ?

C'est de toutes les racines fourragères la plus aimée des animaux, auxquels, comme la betterave, elle fournit de la nourriture verte l'hiver, à l'étable ou à l'écurie ; mais la culture en est délicate et un peu chère. Elle demande des binages et des sarclages très-fréquents, et un profond ameublissement du sol. Aucun cultivateur ne devrait se dispenser d'en faire pour la nourriture et l'entretien de son bétail. C'est la santé des animaux.

322. Quelles sont les meilleures variétés cultivées en grand ?

Ce sont la *blanche à collet vert* (*fig.* 54), et un peu la *rouge pâle*, ou *grosse rouge de Flandre,* plus nutritive, mais moins productive.

(1) Voy. Girardin et Dubreuil, t. II, p. 85-100, et *Livre de la Ferme*, t. I, p. 284-289.

323. Quels sont les climats et les sols qui conviennent à cette culture ?

La carotte est moins aqueuse et gèle moins que la betterave. Elle ne supporte pas mal la sécheresse, et redoute seulement les sols trop humides ou trop pierreux, parce qu'elle veut pivoter

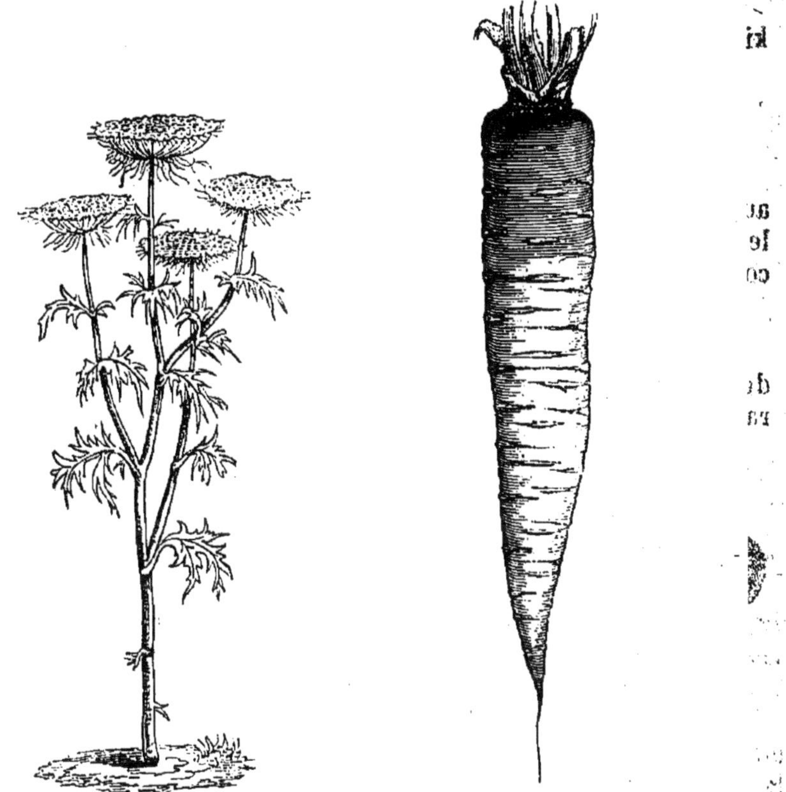

Fig. 53.— Carotte commune en fleurs.   Fig. 54.—Carotte blanche à collet vert, racine.

librement. Il faut éviter de la placer dans un terrain nouvellement fumé avec du fumier pailleux, car dans ce cas la carotte deviendrait fourchue et rendrait beaucoup moins.

324. Comment sème-t-on et quelles sont les cultures d'entretien qu'exige la carotte ?

Mêmes semailles et mêmes soins que pour la betterave.

On sème aussi la carotte en *récolte dérobée*, c'est-à-dire pour être récoltée la même année et sur le même terrain qu'une autre récolte, dans les seigles, dans les colzas, etc. La seule différence de culture est, qu'après l'enlèvement de la récolte principale, on herse très-énergiquement et à plusieurs reprises. La carotte n'en souffre nullement. Puis on la bine et on la sarcle, suivant le besoin.

325. Comment récolte-t-on la carotte?

A la bêche ou à la fourche, et dans le courant d'octobre. Les racines sont souvent trop profondes pour qu'on puisse les atteindre commodément avec la charrue.

326. Quel est le rendement qu'on peut espérer ?

De 6 à 800 hectolitres par hectare. L'hectolitre pèse 50 à 60 kilos. La moyenne générale n'est que de 186 hectolitres.

5° Des navets (1).

327. Parlez-nous de la rave et du navet.

Les raves, les navets, les choux, les colzas, etc., appartiennent au même genre de plantes; mais nous ne mentionnerons ici que les raves et le chou-navet, les seuls qui soient cultivés en grand comme racines fourragères.

328. Quel est l'usage des raves ?

La *rave* ou *rabioule*, *turneps* des Anglais, n'est qu'une variété du navet, qu'il ne faut pas confondre avec les raves ou gros radis de la culture potagère. C'est la racine la plus cultivée en Angleterre, en Alsace et dans les Pays-Bas, où elle compose la nourriture principale des animaux. On peut la semer très-tard, même en récolte dérobée. Elle supporte assez bien le froid.

On en divise les variétés en deux sections principales, suivant que les racines sont aplaties (*fig.* 55) ou allongées.

329. Quels climats et quels sols conviennent à cette culture ?

Climat humide, atmosphère un peu brumeuse, comme en Angleterre ; mais sol léger, et surtout calcaire sans être sec; elle réussit mal dans les argiles.

Fig. 55. — Rave aplatie jaune, à tête verte.

330. Indiquez la culture des raves.

En récolte principale : on sème au commencement de juin ou même en juillet, suivant la chaleur du climat; plus tôt, la rave fructifierait et ne ferait pas sa racine.

On sème en lignes et au semoir. On bine et on sarcle ensuite vigoureusement selon les besoins, et on récolte à partir d'octobre.

On peut laisser en terre et ne prendre qu'au fur et à mesure des besoins les raves ainsi semées, quand les gelées ne sont pas trop à redouter.

(1) Voy. Girardin et Dubreuil, t. II, p. 103-137 ; et *Livre de la Ferme*, t. I, p. 291-297.

En récolte dérobée : on sème en juillet et en août, après la récolte des céréales ou des colzas, et on ne récolte qu'à partir de novembre. C'est souvent d'une grande ressource.

331. De quelle utilité est la culture du chou-navet ?

Le *chou-navet* (*fig.* 56 et 57) ou *chou-rave*, ou *navet de Suède*, ou

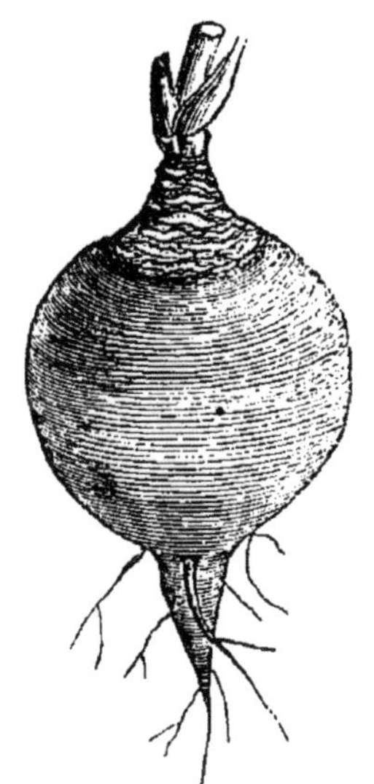

Fig. 56. — Chou-navet à tête verte.

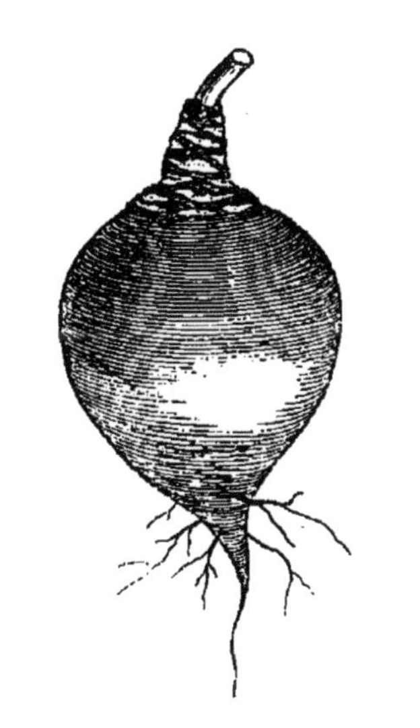

Fig. 57. — Chou-navet à tête pourpre

rutabaga, a cela d'important qu'il est la seule racine sarclée qui réussisse parfaitement dans les sols très-argileux, compactes, humides, tandis que les sols légers ont le choix entre toutes les autres.

Il supporte assez bien la gelée, et ses feuilles sont, comme ses racines, une nourriture excellente pour le bétail. Mais il faut convenir que ses racines, tout en augmentant la production du lait et du beurre, ne sont pas sans leur communiquer un certain goût.

332. Comment le cultive-t-on ?

Vers la fin de février, si le temps le permet, on sème en pépinière sur le terrain le plus riche et le plus frais qu'on puisse choisir. On repique quand les plants ont acquis la grosseur du petit doigt. On les plante alors en ligne soit à la main, soit à la charrue ; la reprise en est assez délicate. Puis, ensuite, il faut biner et butter énergiquement.

On récolte enfin pendant tout l'hiver, suivant les besoins. Le rendement peut s'élever jusqu'à environ 50,000 kilos de racines et plus par hectare. C'est une des plus précieuses ressources du cultivateur, quand il sait s'en servir.

6.

CHAPITRE XVII

DES PLANTES FOURRAGÈRES ET DES PRAIRIES ARTIFICIELLES.

333. Qu'appelle-t-on plantes fourragères?

Des plantes dont les tiges, les feuilles, les fleurs et les fruits servent, en vert ou en sec, à la nourriture des animaux. Elles sont cultivées et recueillies soit dans les prairies naturelles, soit dans les prairies artificielles.

334. Quelle différence y a-t-il entre ces deux sortes de prairies ?

Le type et le cas le plus fréquent des prairies naturelles est un engazonnement permanent et spontané. Les prairies artificielles, au contraire, sont créées par la main de l'homme. Cependant, quand on crée une prairie en y répandant assez de graines diverses pour la faire ressembler aux gazons naturels, elle porte encore le nom de prairie naturelle ; de sorte que le nom de prairie artificielle se trouve réservé, en fin de compte, pour les cultures qui ne comprennent à la fois qu'une espèce particulière, ou tout au plus deux ou trois.

Les prairies artificielles ont aussi cela de caractéristique, que jamais elles ne sont destinées à occuper le sol d'une manière permanente ; elles doivent au contraire être rompues au bout d'un temps plus ou moins long.

335. Quels sont les avantages et les inconvénients des prairies artificielles ?

Elles constituent des cultures essentiellement améliorantes, la plupart des espèces employées pour les former, loin d'épuiser le sol comme les racines fourragères, augmentant sa fertilité par la propriété qu'elles ont de puiser dans l'atmosphère la plus grande partie de leurs éléments nutritifs, et par les nombreux débris qu'elles laissent dans la terre lorsqu'on vient à les rompre.

Elles enrichissent donc le sol plus que les racines, et coûtent moins cher de culture.

D'un autre côté, elles rapportent plus de foin que les prairies naturelles, et l'on peut, en les rompant, faire profiter d'autres récoltes de l'engrais qu'elles ont amassé.

Mais elles nettoient et ameublissent moins le sol que les racines fourragères sarclées.

Elles coûtent plus cher de culture que les prairies naturelles et ne se prêtent pas, comme ces dernières, à l'utilisation des sols en pente, des terrains irrigables, etc.

Dans tous les pays où le printemps et l'été sont très-secs, comme dans le midi de la France, les cultures prairiales sont impossibles quand on ne peut pas irriguer. On est obligé alors de se rejeter exclusivement sur les racines et le maïs.

La conclusion générale à tirer de ces considérations, c'est qu'il faut, autant que possible, savoir combiner dans son assolement les prairies artificielles et les racines sarclées, et réserver une place pour les prairies naturelles, qui sont en dehors de la rotation.

336. Quelles sont les principales plantes qui sont cultivées en prairies artificielles ?

Parmi les légumineuses nous citerons : Les trèfles, le sainfoin, la luzerne, la lupuline, la vesce, le pois gris; parmi les crucifères : les choux, les navettes, les moutardes; parmi les caryophyllées, les spergules; parmi les graminées : le ray-grass, le moha de Hongrie, le brome de Schrader, etc.

1° Du trèfle (1).

337. Quelles sont les principales espèces de trèfle que l'on cultive ?

Ce sont :

1° Le *trèfle rouge* ou *commun* (*fig.* 58), ou *trèfle des prés ;*

Et 2° le *trèfle incarnat* ou *farouche* (*fig.* 59).

Le *trèfle blanc* ou *trèfle rampant*, qui vient dans les prairies naturelles, est rarement cultivé artificiellement.

338. Quels sols et quels climats conviennent au trèfle rouge ?

Le trèfle rouge ne craint pas le froid et se plaît surtout dans les pays humides. Il redoute seulement les gelées suivies de dégels qui le déchaussent, et les gelées tardives, quand il a commencé à monter en tiges. Il craint aussi les sécheresses du printemps et de l'été. A cela près, et si l'on ne s'obstine pas à le cultiver dans les pays trop secs, il est fort rustique.

Quant au sol, ce sont surtout les terrains argileux et argilo-calcaires qui lui conviennent. Il ne réussit pas dans les calcaires purs et dans les sables, et redoute avant tout les terres aigres et les défrichements de forêts trop récents.

Nous avons dit combien le plâtrage lui est favorable.

339. Comment sème-t-on le trèfle?

Au printemps, en mars ou en avril, dans les céréales soit de printemps, soit d'hiver.

On l'enterre par un hersage très-léger, car il ne lèverait pas s'il était enfoui profondément.

On met de 12 à 20 kilos de graine nue par hectare, suivant que le terrain est riche ou maigre, et suivant qu'on veut le faire consommer en vert ou en faire du fourrage sec.

---

(1) Voy. Girardin et Dubreuil, t. II, p. 170-213 ; et *Livre de la Ferme*, t. I, p. 305-315.

Dans ce dernier cas, un trèfle dru a des tiges plus **tendres, et** qui sèchent mieux sans durcir.

340. Comment se procure-t-on de bonnes graines ?

Le plus sûr moyen serait de les récolter soi-même, sur la pre-

Fig. 58. — Trèfle rouge ou trèfle des prés.   Fig. 59. — Trèfle incarnat.

mière coupe de la deuxième année. Mais c'est là un travail assez minutieux.

Malheureusement les graines qu'on trouve dans le commerce sont souvent mal séchées, ou altérées par la fraude ou par la fermentation qui leur a fait perdre leur faculté germinative, ou trop âgées pour lever.

La bonne graine est luisante et d'un jaune mêlé de bleu. Quand elle est terne et brune, il faut se méfier.

Le meilleur moyen pour s'assurer de la qualité de toutes les sortes de graines est d'en faire germer dans une soucoupe entre deux linges mouillés, qu'on place dans un endroit où la température est douce, près de la cheminée, sur le poêle, etc. On compte les graines qui lèvent et celles qui ne lèvent pas, et l'on juge ainsi de la qualité.

341. Quelles cultures d'entretien exige le trèfle?

Il occupe ordinairement la terre dix-huit mois. Pendant ce temps-là il ne demande pas autre chose que des engrais.

On se trouve bien, à l'entrée de l'hiver, de le fumer en couverture pour le préserver du froid. Les cendres et les charrées et surtout les plâtrages au printemps produisent un excellent effet.

342. A quelle époque le récolte-t-on ?

En deux coupes, la deuxième année. Il faut le faner avec précaution et sans trop de hâte, car il perd ses feuilles très-facilement.

La méthode de Klappmeyer (voyez nᵒˢ 251, 252) lui est applicable avec beaucoup de succès.

La pluie noircit le trèfle abattu et lui fait perdre une grande partie de ses qualités. Il faut donc bien choisir son moment pour le couper.

« Parfois, dit M. Joigneaux, il arrive que la pluie surprend le cultivateur au moment où son trèfle est en andains. Ce qu'il y a de mieux à faire dans ce cas, c'est de prendre le fourrage par petites brassées, de le mettre debout en écartant les tiges à leur base et de tordre les têtes. Chaque brassée se tient ainsi debout et ne souffre pas de l'humidité. Dès que le soleil se montre, l'extérieur se ressuie, et aussitôt après, on ouvre les javelles et on les retourne de manière à ce que le centre devienne l'extérieur et que l'extérieur devienne le centre. C'est une méthode suivie dans les Flandres belges et qui devrait l'être partout. »

343. A combien évalue-t-on le rendement du trèfle en moyenne ?

De 5 à 7,000 kilos environ de fourrage sec pour les deux coupes et par hectare.

344. Parlez-nous du trèfle incarnat.

Cette plante, assez rustique, se sème à la fin de l'été et se consomme au mois de mai suivant. C'est un fourrage vert excellent, mais un assez mauvais fourrage sec. On en fait presque une récolte dérobée, car on a pu le semer immédiatement après un colza ou une céréale, et on l'enlève encore à temps pour le remplacer par des racines sarclées.

2ᵒ Du sainfoin (1).

345. Quels avantages trouve-t-on à la culture du sainfoin ; quels climats et quels sols lui conviennent ?

Le sainfoin ne redoute ni la chaleur ni la sécheresse, et c'est

___

(1) Voy. Girardin et Dubreuil, t. II, p. 231-240 ; et *Livre de la Ferme*, t. I, p. 318-321.

le fourrage par excellence des pays secs et des terrains pauvres et calcaires (*fig.* 60).

Mangé en vert ou immédiatement après la fenaison, il ne *météorise* (gonfle) jamais le bétail. Mais on le cultive surtout pour le faner.

Il lui faut avant tout un sol calcaire et un sous-sol sec.

On peut presque dire, qu'à moins de variété exceptionnelle dans les terres d'une ferme, le trèfle ordinaire et le sainfoin s'excluent, et que là où l'un vient bien l'autre vient mal.

346. Quand sème-t-on le sainfoin ?

En hiver ou au printemps, dans une céréale. On emploie de 2 à 5 hectolitres de semence par hectare, et on enterre au moyen d'un hersage.

347. Quels soins exige le sainfoin ?

Des plâtrages et des cendrages, comme le trèfle.

348. Combien de temps dure-t-il ?

Le sainfoin est vivace, comme le trèfle et la luzerne, c'est-à-dire qu'il ne périt pas de lui-même après avoir fleuri. Mais il

Fig. 60. — Sainfoin commun.

s'use, les mauvaises herbes l'envahissent, et il y a tout avantage à le rompre, au bout de la deuxième ou de la troisième année au plus tard.

349. Combien de coupes donne le sainfoin ?

Une à la fin de la première année, une ou deux la seconde, suivant la variété et suivant la richesse du terrain, et la troisième année on le fait pâturer.

La coupe de la première année peut être en moyenne de 1,500 kilos, et celle de la deuxième de 4 à 5,000 kilos de foin sec à l'hectare.

3° De la luzerne (1).

350. Quels sont les sols et les climats qui conviennent à la luzerne ?

La luzerne (*fig.* 61) a, dans les pays méridionaux, la même

(1) Voy. Girardin et Dubreuil, t. II, p. 213-228 ; et *Livre de la Ferme*, t. I, p. 315-318.

importance que le trèfle dans le Nord, car elle ne remonte guère au delà du climat et du grand rayon de Paris.

Elle aime la chaleur, redoute les hivers rigoureux et surtout les gelées tardives. L'été, une humidité modérée et chaude soutient sa végétation.

Les sols qu'elle craint sont les argiles compactes, et surtout les terres qui n'ont pas de profondeur, le pivot de sa racine s'enfonçant tout droit, tant qu'il n'est pas arrêté, jusqu'à 20 mètres de fond. Aussi, le préliminaire indispensable de cette culture est un fort labour de défoncement et des nettoyages préalables.

351. Comment sème-t-on la luzerne ?

On la sème seule à l'automne, ou au printemps dans une céréale , dans l'orge de préférence à toute autre si l'on veut avoir une belle luzernière. Si l'on veut aussi avoir une coupe notable la première année,

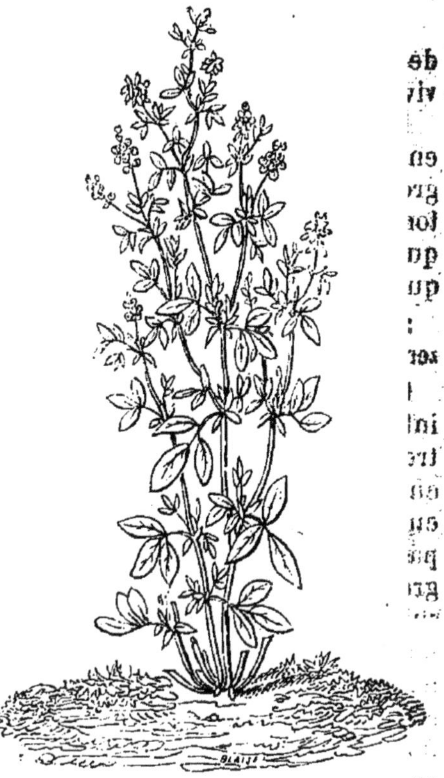

Fig. 61. — Luzerne cultivée.

on mélange avantageusement dans ce but un peu de graine de minette (*luzerne lupuline*) dans le Nord, ou de vesce blanche ou de lupin dans le Midi.

On répand ordinairement 20 kilos de graines par hectare. Il faut également se méfier ici des graines du commerce : souvent on huile les vieilles semences pour leur rendre l'aspect brillant. Il est essentiel d'avoir recours à l'essai dont nous avons parlé plus haut (n° 340).

352. Indiquez les soins d'entretien d'une luzernière.

La première année, aussitôt après la récolte de la céréale, on fait pâturer la jeune luzerne par les moutons, puis on lui applique un plâtrage pour activer sa végétation et la fortifier contre les froids de l'hiver.

Un demi-plâtrage pourra ensuite lui être donné tous les deux ans au printemps, ou même tous les ans, si le sol est tout à fait dépourvu de calcaire.

Pour empêcher la luzerne d'être envahie par les mauvaises herbes, on donne des hersages vigoureux, un à l'automne qui suit l'ensemencement, l'autre aussitôt après la première coupe de l'année suivante, surtout pour détruire les mauvaises herbes vivaces.

Plus tard, à partir de la deuxième année, quand elle est bien enracinée, on lui donne avec un scarificateur (V. nº 216) ou de grosses herses chargées, deux hersages énergiques, l'un à l'automne, après la dernière coupe, l'autre à la fin de l'hiver, avant qu'elle n'entre en végétation, et on les répète ainsi, après chaque coupe, jusqu'à la fin de sa durée.

353. N'y a-t-il pas des engrais qui soient bons à appliquer à la luzerne, lorsqu'elle entre en végétation ?

Pour retarder autant que possible l'épuisement des couches inférieures du sol et prolonger la durée de la luzernière en entretenant sa vigueur, on se trouve bien d'y répandre quelques engrais en couverture qui sont dissous par l'eau des pluies et entraînés dans le sous-sol. Autant que possible, on n'y emploiera pas de fumiers récents; d'abord parce qu'ils contiennent des graines de mauvaises herbes qui saliraient la luzernière, et ensuite parce que la décomposition en serait trop lente. On préférera les engrais immédiatement solubles et qui seront entraînés dans la terre dès la première pluie, comme les terreaux, les guanos, les engrais liquides ou en poudre. On commencera à fumer ainsi le second hiver, et on continuera tous les deux ans en faisant alterner avec le demi-plâtrage. Les irrigations qu'on donne aux luzernières dans le Midi, après chaque coupe, ne dispensent pas de fumer; au contraire, il n'en faut fumer que plus copieusement.

354. A quelles époques se font les coupes de luzerne ?

Au moment où elle commence à fleurir.

Plus tôt, elle serait trop aqueuse, moins nourrissante et se fanerait moins facilement; plus tard, il serait à craindre qu'elle ne devînt ligneuse et ne fût mangée moins volontiers par le bétail.

Toutefois, la dernière coupe doit être récoltée avant la fleur, afin qu'on puisse profiter du beau temps pour la sécher.

En fanant la luzerne, on n'oubliera pas qu'elle est moins aqueuse que le trèfle et qu'elle sèche plus rapidement. Elle perd moins aisément ses feuilles, mais elle les perd assez encore pour qu'on doive y veiller et ne pas secouer ce foin trop rudement ni le dessécher par trop.

La luzerne se mange également en vert. Elle peut météoriser encore les animaux, mais moins que le trèfle.

355. Quel est le rendement des luzernes ?

La luzerne perd, en se desséchant, environ 75 p. 100 de son poids, c'est-à-dire que 100 kilos de luzerne verte se réduisent à 25 kilos de foin.

Quant au rendement annuel, il varie suivant le climat, le sol, l'âge de la luzernière, le nombre de coupes qu'on y fait par an. Dans le Nord, on en fait trois tout au plus, tandis que dans le Midi on obtient jusqu'à six, et en Algérie jusqu'à huit coupes.

Voici le produit moyen et par hectare d'une luzernière à trois coupes :

1re année de produit..		3,000 kil.
2e	—	8,000
3e	—	8,000
4e	—	7,000
5e	—	6,000
6e	—	5,000
7e	—	4,000
8e	—	3,500
	TOTAL......	44,500 kil.

Ce qui fait en moyenne 5,600 kilos par an et par hectare.

356. Quelle est la durée d'une luzernière ?

C'est la plus persistante des cultures fourragères artificielles. Sa durée varie suivant la richesse et la profondeur du sol. Le chiendent et les autres mauvaises herbes l'abrégent souvent beaucoup. La durée utile ne dépasse guère douze ans dans les circonstances les plus favorables, et souvent il n'y a pas d'avantage à la conserver plus de quatre ou cinq ans.

357. Est-il utile de récolter de la graine et comment y doit-on procéder ?

Toutes les fois que le cultivateur pourra récolter lui-même sa semence de luzerne au lieu de l'acheter, il ne devra pas hésiter à le faire.

On récolte ordinairement la semence sur la luzerne qu'on se propose de rompre; on s'exposerait à épuiser la luzernière, si on lui laissait mûrir ses fruits pendant les premières années de son existence. On choisit la seconde coupe de l'année, parce qu'elle est ordinairement moins salie par les plantes nuisibles.

Telle est du moins la pratique ordinaire ; cependant mieux vaudrait sacrifier pour cet objet un coin de la luzernière, et ne pas recueillir les graines sur de vieilles plantes fatiguées, mais les récolter dès la troisième année sur des plantes vigoureuses. Les semailles s'en ressentiraient, car telle graine, tel plant.

Quand les gousses sont complétement noires, on fauche les tiges, on les fait sécher, on bat, on débarrasse les semences de leurs gousses et on les crible avec soin pour les purger des graines étrangères, et surtout de celles de la *cuscute* (V. n° 450).

On peut récolter environ 6 à 700 kilos de graines par hectare

4° De la lupuline.

358. Parlez-nous de la lupuline et de sa culture.

La *luzerne lupuline* ou *minette dorée* (fig. 62) est une plante bisannuelle, à tiges couchées, qui dépasse rarement 0^m,33 de hauteur; elle croît spontanément dans les terrains légers, calcaires ou siliceux; elle se développe parfaitement dans les terres sèches, où le trèfle ne réussit pas.

Son fourrage, peu abondant lorsqu'il est converti en foin, devient plus productif lorsqu'on le fait pâturer, parce qu'il repousse sans cesse sous la dent du bétail. Il forme surtout un excellent pâturage pour les moutons, qu'il n'expose pas, comme le trèfle et la luzerne, à la météorisation.

Sa culture est la même que celle du trèfle rouge ; la quantité de semence est aussi la même. Lorsqu'on l'associe au trèfle blanc, on sème 8 kilos de trèfle

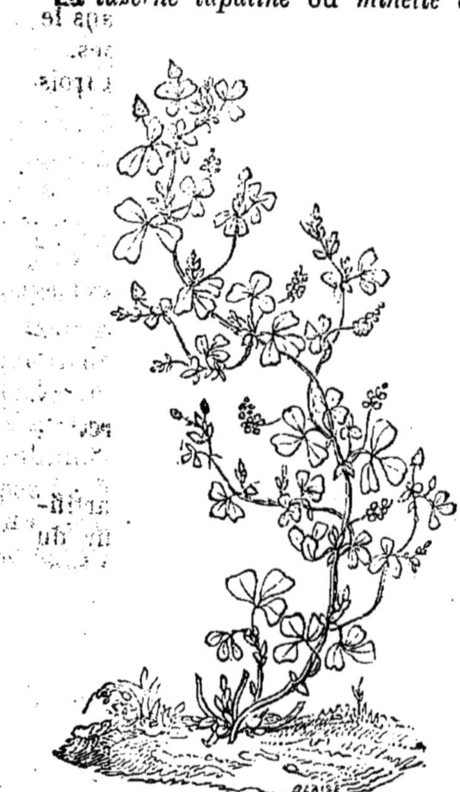

Fig. — 62. Luzerne lupuline.

et 7 kilos de lupuline par hectare.

Semée au printemps dans une céréale, on commence à la faire pâturer dès l'automne; puis on y ramène les moutons lorsque la plante commence à fleurir au printemps suivant, et l'on recommence une ou deux fois cette opération dans le courant de l'été. Enfin, on la rompt au commencement de l'automne suivant, après y avoir fait parquer des moutons.

La lupuline préfère les parties froides ou tempérées de la France à celles du Midi, où l'excès de chaleur lui est préjudiciable.

Quant au sol, elle se développe partout; mais ce qui fait son mérite, c'est qu'elle donne des produits passables dans les sables arides où la luzerne reste chétive, et sur les sols calcaires trop pauvres pour nourrir convenablement le sainfoin, fourrage de prédilection pour ces sortes de terres.

5° De la vesce, des pois gris, etc. (1).

359. Parlez-nous de la vesce, des pois gris, des gesses, des lentilles, cultivés comme fourrages.

Ce sont des fourrages supplémentaires moins importants et moins lucratifs que les trèfles, les sainfoins et les luzernes. On les cultive, quand le trèfle ne réussit pas, ou afin d'alterner, pour qu'il ne reparaisse pas trop souvent sur un même sol.

Ces plantes ont cela de commun, que non-seulement aucune d'elles n'est épuisante, mais encore qu'elles améliorent le sol, lorsqu'on les récolte avant la maturité de leurs graines.

On se trouve très-bien de semer en même temps une certaine quantité de graines d'avoine ou de seigle, un quart environ de semaille ordinaire. Les tiges de ces céréales servent de support à celles des fourrages, qui en acquièrent plus de qualité. La féverole remplit bien aussi ce rôle de tuteur.

360. Y a-t-il à faire, sur la vesce, quelques remarques particulières?

Oui ; pour la faire consommer en vert, on la coupe dès qu'elle est en fleur.

Pour la faner, on attend que les cosses soient formées.

La fenaison est lente, surtout quand les cosses sont encore vertes ; pour les rentrer, il faut attendre qu'elles soient parfaitement sèches.

On peut obtenir par hectare 4 à 5,000 kilos de fourrage sec, bon plutôt pour les animaux de travail et pour les moutons que pour les vaches.

361. Et les pois gris ?

Ils donnent un fourrage meilleur que la vesce, et convenable pour tous les animaux. Mais le prix élevé de la semence en rend la culture un peu plus rare.

362. Et les gesses, les lentilles, les lupins ?

Ces cultures réussissent surtout dans le Midi ; elles remplacent très-bien la vesce et donnent lieu à peu près aux mêmes observations.

363. Quels sont les mélanges de légumineuses fourragères les plus employés ?

Ce sont, pour les espèces vivaces : luzerne et vesce blanche, ou minette, ou sainfoin, trèfle blanc et lupuline. On leur asso-

(1) Voy. Girardin et Dubreuil, t. II, p. 240-245 ; et *Livre de la Ferme*, t. I, p. 223-225.

cie souvent la *chicorée sauvage*, plante des coteaux arides, très-saine pour les moutons et dont on ne fait pas assez souvent usage, surtout dans les pays où ces animaux sont exposés à la pourriture et au sang de rate.

Pour les espèces annuelles, on associe d'ordinaire les pois avec les vesces, ou les gesses avec les lentilles.

On donne à ces mélanges les noms de *dragée*, de *dravière*, d'*hivernage*. Il ne faut pas oublier d'y mêler le seigle, le blé, la féverole ou l'avoine comme tuteurs. Le fourrage qui résulte de ces mélanges est meilleur et plus varié, et d'un produit plus considérable que celui des plantes cultivées isolément.

Règle générale pour les semailles mélangées. — On doit commencer par semer les graines les plus grosses, et successivement jusqu'aux plus petites. Sans cela il n'y aurait pas égale répartition à cause de la différence de poids.

6° Autres plantes fourragères (1).

364. Quelle utilité trouve-t-on à cultiver d'autres plantes fourragères que les légumineuses ?

C'est que certaines d'entre elles donnent des produits là où les légumineuses n'en donneraient pas; et cela à des époques où les légumineuses ne sont pas à l'état vert; et que, végétant seulement à la superficie du sol, elles reposent le sous-sol, dans lequel les légumineuses puisaient, au contraire, les éléments fertiles.

Mais, malgré ces avantages partiels, la supériorité reste toujours aux légumineuses qui seules, avec la spergule, améliorent le sol au lieu de l'épuiser.

365. Parlez-nous de la spergule.

La *spergule*, ou *spargoute*, ou *herbe à beurre* (*fig.* 63), est une plante de la famille des œillets (*Caryophyllées*) ; c'est un fourrage excellent surtout pour les vaches à lait. Elle aime un climat humide et une terre fraîche, sableuse ou sablo-argileuse. On la sème depuis mars jusqu'en août, car elle pousse et mûrit vite. On la fait consommer, soit en vert, soit en sec. Elle peut rapporter en moyenne 3,500 kilos de fourrage sec à l'hectare.

366. Parlez-nous des crucifères ?

Les choux, les colzas, les navettes, sont toutes plantes appartenant à un même genre; ce sont des cultures épuisantes, mais des fourrages excellents pour le bétail, auquel ils fournissent de la nourriture verte à l'arrière-saison.

(1) Voy. Girardin et Dubreuil, t. II, p. 254-285 ; et *Livre de la Ferme*, t. I, p. 325-335.

367. Quels sols et quels climats conviennent aux choux?

Un climat humide, comme celui de l'ouest de la France, une terre argileuse, profonde, fraîche et très-fumée.

Fig. 63. — Spergule des champs.   Fig. 64. — Chou branchu du Poitou.

368. Quelles sont les principales variétés de choux que l'on cultive?

Parmi les choux pommés, le *chou quintal* d'Alsace, et parmi les choux feuillus, le *chou cavalier* et le *chou branchu du Poitou* (*fig.* 64).

369. Comment a lieu cette culture?

Elle est à peu de chose près identique à celle du chou-navet (V. nº 332). Si l'on veut récolter en mars ou en avril, on plante au commencement de juin de l'année précédente; et pour récolter en novembre et en janvier, on plante en mars et en avril.

370. Quel peut être le rendement des choux?

En moyenne, de 35 à 40,000 kilos de feuilles et de tiges par hectare. On a calculé qu'avec un hectare planté de choux, on pouvait engraisser pendant tout l'hiver sept bêtes à **cornes de** 350 à 400 kilos.

371. Quelles sont les principales graminées qu'on cultive comme fourrages artificiels ?

Dans le Midi surtout, le maïs, en le récoltant avant sa maturité; et dans toute la France, les ivraies et le moha de Hongrie plus particulièrement.

372. Parlez des ivraies.

Les ivraies d'Angleterre et d'Italie, ou *ray-grass*, ne fournissent qu'un foin de médiocre qualité; mais elles constituent un pâturage excellent et repoussent avec une grande facilité sous la dent des bestiaux.

La durée de ce pâturage va jusqu'à six ou huit ans. On le sème ordinairement dans une céréale de printemps. Les engrais liquides y font merveille.

Le meilleur des deux est le ray-grass d'Italie (*Lolium italicum*).

373. Parlez du moha de Hongrie.

Le *moha* ou millet de Hongrie (*fig.* 65) est un excellent fourrage, soit vert, soit sec, qui s'accommode de tous les climats et presque de tous les terrains de la France : seulement il veut de l'engrais. Un champ semé en moha égale presque en rendement les bonnes prairies naturelles.

Fig. 65.
Moha de Hongrie.

CHAPITRE XVIII

DES PRAIRIES NATURELLES (1).

374. Comment divise-t-on les prairies naturelles ?

Suivant qu'elles sont destinées à être pâturées ou fauchées,

______
(1) Voy. Girardin et Dubreuil, t. II, p. 285-374; et *Livre de la Ferme*, t. I, p. 335-357.

on les divise en *pâturages* ou *herbages*, et *prés* ou *prairies* proprement dites.

375. Quels avantages offrent-elles sur les prairies artificielles ?

Elles sont beaucoup moins coûteuses à entretenir, et leur produit annuel, bien que généralement inférieur en quantité à celui des prairies artificielles, a une régularité sur laquelle on ne peut jamais compter avec les autres. Elles améliorent le sol autant que les meilleures prairies artificielles, et y accumulent à la longue un engrais dont il est quelquefois sage de profiter en les rompant temporairement.

D'ailleurs, à cause de la variété des plantes qui le composent, le bon foin de pré est plus sain et plus nutritif pour le bétail que le fourrage des prairies artificielles.

376. Dans quelles circonstances faut-il préférer les prairies naturelles ?

Il est toujours prudent d'en conserver une certaine étendue, même dans les localités les plus favorables aux prairies artificielles, et à plus forte raison, quand on le peut, dans le Midi où ces dernières manquent le plus souvent. On doit, dans tous les cas, transformer en prairies naturelles :

1º Les sols en pentes rapides où la terre nue serait bientôt entraînée en bas par les pluies ;

2º Les terrains exposés aux inondations périodiques, qui compromettent souvent les autres récoltes, tandis qu'elles ne font qu'ajouter aux prairies une plus grande fertilité ;

3º Les sols bas et humides, que l'on n'a pu égoutter suffisamment pour les récoltes ordinaires ; c'est le seul moyen d'en tirer quelque parti. Ajoutons certaines pièces éloignées de la ferme ;

4º Certains terrains qui, par leur fraîcheur naturelle, même l'été, fournissent une herbe d'un rendement supérieur aux meilleures prairies artificielles : tels sont les pâturages célèbres de la basse Normandie, du Charolais, etc. ;

5º Tous les terrains irrigables, surtout dans le Midi, où rien de ce genre ne doit être perdu. C'est sur les gazons naturels que l'irrigation a la plus grande influence : elle peut en décupler la production.

377. Comment divise-t-on les prairies suivant leur degré habituel d'humidité ?

En trois classes : 1º *Prairies sèches*, situées le plus souvent sur la pente des coteaux : elles donnent un foin d'excellente qualité, mais n'en fournissent qu'une seule coupe qui varie entre 2,000 et 5,000 kilos, selon que le terrain est plus ou moins sec ;

2º *Prairies fraîches*, sur un sol frais mais non marécageux, et *prairies des sols légers irriguées*. Ce sont les plus productives. Dans le Midi, on tire quelquefois plus de six coupes par an des prairies irriguées ; la production en foin va de 5,000 à 18,000 kilos par hectare ;

3° *Prairies marécageuses.* L'eau reste stagnante à la surface du sol. Il en résulte un foin peu abondant et médiocre, plein de roseaux, de laîches et de joncs. L'unique coupe annuelle va de 2,000 à 3,000 kilos de foin par hectare.

378. Peut-on créer des prairies naturelles ?

Oui. On y parvient soit en les laissant s'engazonner naturellement, soit en y transportant des bandes de gazon empruntées ailleurs, soit enfin, et c'est le procédé ordinaire, en y semant des graines de foin.

379. Comment se procure-t-on de la graine de foin ?

On trouve dans le commerce des mélanges de semences tout préparés des diverses plantes qui composent d'ordinaire les prairies naturelles ; mais on doit bien réfléchir avant de les employer, parce que les plantes qui réussissent dans une prairie ne sont pas toujours celles qui réussiront dans une autre.

Celui qui connaîtrait un peu de botanique, et ne serait pas étranger à la flore des prairies, pourrait, chez les marchands de graines, composer sa graine de foin par lui-même. Il devrait faire attention à n'associer que des plantes propres au terrain qu'il veut ensemencer et fleurissant, autant que possible, à la même époque, afin qu'elles puissent être fauchées ensemble avec le plus grand profit. Mais pour le pur praticien, le procédé le plus prudent est de tâcher de se procurer de la graine de foin tirée d'une bonne prairie, qui soit dans des conditions aussi semblables que possible à celles de la prairie qu'il veut établir.

Ce point est important, et nous devons y insister aujourd'hui que l'on conseille aux cultivateurs de faire des prairies naturelles sur une partie de leurs terres, et de les rompre de temps en temps afin de profiter, pour les autres cultures, de la fertilité qu'elles ont accumulée dans le sol. En ce cas, il est urgent d'avoir à sa disposition de bonne graine de foin, et le plus sûr est de la recueillir soi-même sur ses propres prés ou sur des prés voisins.

380. Y a-t-il des travaux d'entretien applicables aux prairies ?

Sans nul doute, et des plus importants.

1° Mentionnons seulement pour mémoire les irrigations et les arrosements artificiels, matière importante et compliquée dans les détails de laquelle il nous est impossible d'entrer (1).

2° Quoique les prairies puissent, à la rigueur, se passer d'en-

(1) Consultez, sur cette matière, Girardin et Dubreuil, t. I, p. 148-162 ; et le *Livre de la Ferme*, t. I, p. 347-349.

grais, et que la plupart s'en passent en effet, il est bon de leur
en donner, et elles le compensent largement par l'augmentation
de leurs produits. Les engrais applicables sont les engrais liquides et ceux qui se dissolvent facilement et que les pluies font
aisément pénétrer dans le sol, comme les terreaux, guanos,
cendres, poudrettes, etc.

3° Il faut détruire les animaux nuisibles des prairies, tels que
les fourmis, qui dérangent le
niveau du sol en y élevant
des monticules; on doit les
abattre avec soin, ainsi que
les taupinières, soit à la pelle,
soit avec un instrument spécial nommé *étaupinoir* (*fig.* 66).
Il faut détruire aussi les vers
blancs, qui rongent les racines et font périr les gazons
sur des espaces quelquefois
énormes. Les oiseaux en sont
les meilleurs destructeurs.
Cependant on en diminue les

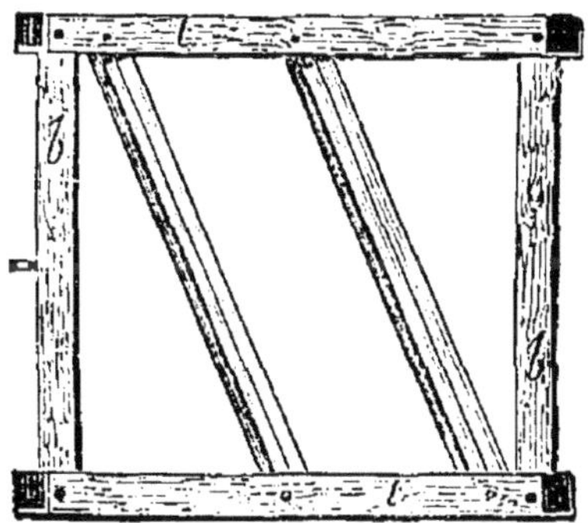

Fig. 66. — Étaupinoir de Mathieu de
Dombasle.

ravages en roulant la prairie au printemps avec un rouleau
très-lourd.

4° Extirper les mauvaises plantes. Les mousses et les herbes
aigres des prés marécageux se détruisent par des cendrages et
par des hersages énergiques. Les plantes nuisibles annuelles
ou bisannuelles doivent être fauchées avant qu'elles ne portent graine ; on coupe les plantes vivaces *entre deux terres*,
c'est-à-dire au-dessous du collet; ou, si leurs racines sont traçantes, on les fauche sans relâche dès qu'elles sortent de terre.
Quand un pré est par trop sali de mauvaises herbes, il ne faut
pas hésiter à le rompre.

381. **Y a-t-il à prendre quelques soins spéciaux pour les pâturages**

Oui. On doit d'abord avoir soin de ne pas laisser les déjections
des bestiaux telles qu'elles sont tombées sur le gazon; elles le
gâteraient et y feraient pousser une herbe que les animaux ne
mangent pas. On les disperse à la fourche, et même les cultivateurs soigneux les enlèvent et en font avec de la terre des
composts qu'ils répandent plus tard sur la prairie.

Le mode de dépaissance des animaux n'est pas non plus indif-
férent. On ne doit les laisser en liberté absolue que dans les
pâturages divisés en petits enclos, sans quoi ils gâtent beaucoup plus d'herbe qu'ils n'en consomment. En basse Normandie
on a commencé, depuis quelques années, à faire paître les bestiaux au piquet dans les pâturages comme sur les prairies artifi-

cielles, et l'on s'en trouve fort bien. L'herbe est beaucoup plus économiquement et plus régulièrement mangée, et il reste bien moins de *refus*, ou touffes non pâturées. Il faut avoir soin de faire faucher les refus, pour que l'herbe ne s'y use pas en se desséchant.

CHAPITRE XIX

DES PLANTES INDUSTRIELLES.

382. Qu'appelle-t-on plantes industrielles ?

Ce sont des plantes qui ne sont pas destinées, comme celles que nous avons étudiées jusqu'ici, à l'alimentation de l'homme ou des animaux, mais qui servent de matières premières pour les divers emplois de l'industrie. Les principales, que nous examinerons rapidement, sont les plantes oléagineuses, textiles, tinctoriales, et quelques autres d'usages divers.

383. Quels avantages et quels inconvénients présente la culture des plantes industrielles ?

Les avantages sont très-clairs : la plupart de ces cultures sont fort lucratives et rapportent immédiatement un profit net très-élevé en argent.

Malgré cela, un cultivateur sensé ne s'y lancera pas étourdiment, car souvent elles n'enrichissent le présent qu'en compromettant l'avenir. Ce sont de toutes les cultures les plus épuisantes, d'autant plus qu'une fois récoltées elles sont enlevées au loin, et que généralement aucun de leurs débris n'est rendu au sol qui les a produites. De plus, ne fournissant ni litière ni nourriture pour les bestiaux, elles ne restituent pas les engrais qu'elles ont absorbés. On ne doit donc se livrer à cette culture qu'autant qu'on a quelque moyen d'entretenir autrement un bétail suffisant, ou de tirer du dehors les engrais nécessaires. On néglige trop souvent cette considération, qui est de la plus grande importance.

§ I. Plantes oléagineuses (1).

384. Qu'appelle-t-on *plantes oléagineuses* et quelles sont les principales que l'on cultive ?

On nomme *plantes oléagineuses* celles dont on tire de l'huile. Les plus cultivées en France sont le colza, la navette, la cameline et le pavot.

(1) Voy. Girardin et Dubreuil, t. II, p. 391-436 ; et *Livre de la Ferme*, t. I, p. 370-380.

385. Quels sont les avantages du colza ?

Bien que l'huile qu'on tire de ses graines ne soit guère bonne qu'à brûler, son rendement supérieur et la facilité de sa culture expliquent la préférence générale dont il est l'objet. Les *tourteaux* ou résidus des graines écrasées sont un très-bon engrais, et servent aussi à nourrir le bétail.

386. Quelles sont les variétés principales du colza ?

Il y en a deux : le *colza d'hiver*, qu'on sème au milieu de l'été, et qui occupe le sol jusqu'à l'été suivant ; et le *colza de printemps*, moins productif, mais beaucoup plus précoce, qui se sème au printemps et se récolte l'année même. On s'en sert pour remplacer le colza d'hiver détruit par les gelées.

387. Quels climats et quels sols demande le colza ?

Le colza d'hiver aime les climats humides et brumeux. Il supporte bien le froid, et craint seulement les gels et les dégels répétés du printemps. Tous les sols lui sont bons, excepté les sols imperméables et les sols très-légers. Il veut une terre meuble et saine, riche et fortement fumée.

388. Comment le sème-t-on ?

En pépinière, au commencement ou au milieu de l'été. On sème à la volée, environ 6 à 7 kilos de graines par hectare. On doit éviter un semis trop dru : il fait filer et s'étioler les plantes. On transplante ensuite au plantoir ou à la charrue. Ce dernier procédé, outre qu'il est moins cher et plus expéditif, est encore recommandé par les habiles praticiens, tels que M. Joigneaux, par cette raison que la position inclinée et presque couchée, suivant laquelle les jeunes colzas sont plantés en travers des raies, est très-favorable à la production des graines. On plante une raie sur deux, avec une vingtaine de centimètres de distance entre les plants sur chaque ligne. Les meilleurs plants sont branchus, avec une hauteur proportionnée à leur force, une racine sans bifurcation, et forts du collet (*fig.* 67).

Fig. 67. — Jeune plant de Colza bien conformé.

389. Le colza naissant n'a-t-il pas un danger à courir ?

Oui, plusieurs crucifères, telles que le colza, les choux, .les

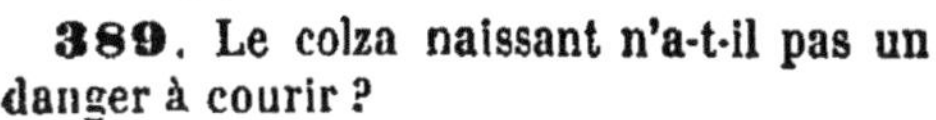

rutabagas, sont en butte, au moment où elles lèvent, aux attaques de l'altise ou puce de terre, qui en dévore les deux premières feuilles et souvent détruit ainsi toute la pépinière. Le plus sûr moyen de garantir la plante est d'en activer la végétation, car dès que le jeune colza a fait sa troisième feuille, il est à l'abri des atteintes de l'altise. Quant aux moyens directs de la combattre, on en préconise plusieurs, tels que le soufrage des graines, leur chaulage avec une saumure, le cendrage du champ. On recommande aussi de semer un peu de sarrasin quatre ou cinq jours avant le colza. Le sarrasin levant exhale une odeur qui, dit-on, chasse tout à fait l'insecte.

Fig. 63. — Altise.

a, taille naturelle.

b, grossie.

390. Quels sont les cultures d'entretien applicables au colza ?

Un premier binage, s'il est possible, trois semaines après la plantation ; puis on butte. Au printemps second binage, puis nouveau buttage, quand les plants ont à peu près 40 centimètres de haut. On peut, sans trop d'inconvénient, négliger les buttages, mais on ne saurait se dispenser de sarcler.

391. A quels signes voit-on que le colza est bon à récolter ?

Quand les feuilles sont flétries, que les tiges et les siliques ont pris une teinte vert jaunâtre, et les graines une couleur brunâtre. Plus tôt, les graines seraient vertes et donneraient peu d'huile. Plus tard, les cosses ou siliques s'égrèneraient et on perdrait la moitié du produit.

392. Comment a lieu la récolte ?

On coupe à la faucille et l'on bat sur place, sur de grandes toiles étendues, avec le fléau, ou en faisant fouler les plantes arrachées aux pieds des hommes ou des chevaux. Il est essentiel de transporter les javelles dans des barquettes de toile, parce que le mouvement les égrène considérablement.

393. Quel est le rendement moyen ?

25 hectolitres pour le colza d'hiver, 15 pour celui de printemps.

394. Parlez-nous de la navette.

Elle s'accommode des climats secs et des terres légères où le colza ne réussirait pas. La culture est la même. Celle d'hiver rend 20 à 30 hectolitres de graine, et celle de printemps 15 à 20 seulement.

395. Parlez-nous de la cameline (*fig.* 70).

On la cultive dans le nord et dans l'ouest de la France. L'huile en est moins abondante, mais meilleure à brûler que celle de colza et de navette. Son grand avantage est d'être à l'abri des puces de terre et des autres insectes qui ravagent les colzas.

Même culture que le colza. Le rendement moyen est à l'hectare de 15 à 25 hectolitres pesant chacun de 65 à 72 kilos.

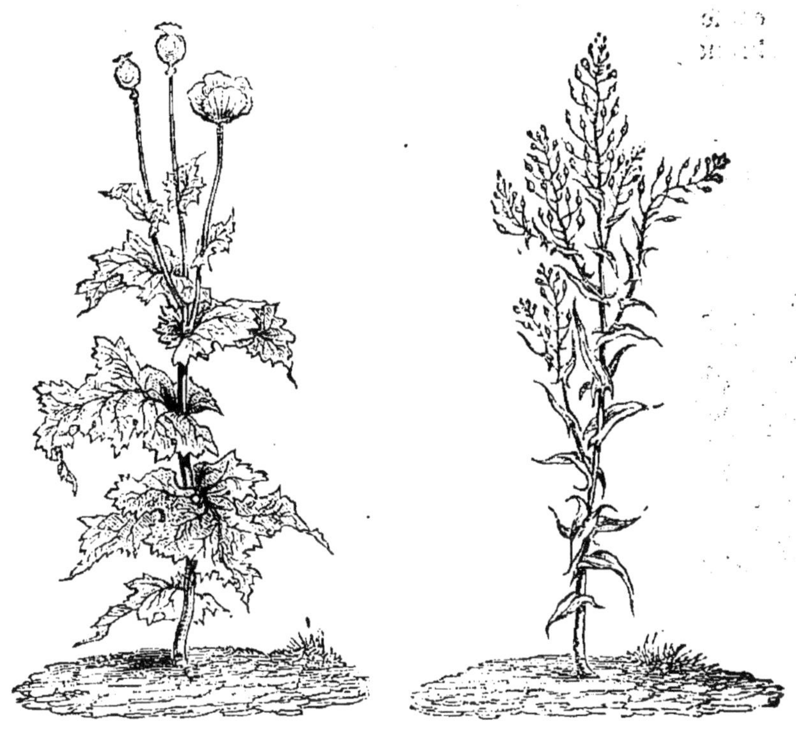

Fig. 69. — Pavot-œillette.   Fig. 70. — Cameline.

396. Parlez-nous de la culture du pavot.

Le pavot ou *œillette* (*fig.* 69) est cultivé en grand, surtout dans le nord de la France, pour l'huile qu'on tire de ses graines et qui est bonne à manger. Les terres légères sont celles qui lui conviennent le mieux. On le sème au printemps (ou dans le Midi en automne) à la volée, ou mieux en lignes; on bine dès qu'il est levé et qu'on peut le reconnaître, et on éclaircit; on entretient ensuite la propreté du sol. On récolte quand le quart des capsules est ouvert, et on laisse sécher sur place en bottes dressées les unes contre les autres. Quand toutes les capsules se sont ouvertes ainsi, on les vide sur place en les secouant sur des draps. Le rendement moyen est par hectare de 20 à 25 hectolitres de graines, pesant de 60 à 70 kilos chacun, et de plus 5 à 600 bottes de tiges sèches, qui servent pour les litières, ou qu'on brûle pour chauffer le four ou simplement pour recueillir les cendres, qui font un engrais excellent.

§ 2. **Plantes textiles** (1).

397. Qu'appelle-t-on *plantes textiles* et quelles sont les principales
que l'on cultive en France?

On entend par *plantes textiles* celles dont les fibres servent à la
confection des étoffes, des fils et des cordes. On cultive, en
France, le chanvre et le lin principalement.

Fig. 71. — Chanvre mâle.

398. Parlez-nous du chanvre. Et d'abord n'y a-t-il pas deux sortes
d'individus à distinguer chez cette plante?

(1) Voy. Girardin et Dubreuil, t. II p 436-474 ; et *Livre de la Ferme*, t. I, p. 357-370,

Oui, il faut distinguer les pieds femelles qui portent les graines,
et les pieds mâles qui en sont privés. Dans les campagnes on
renverse cet ordre, et l'on appelle mâles les porte-graines,
et femelles les autres ; c'est une erreur capitale (*fig.* 71 et 72).

Fig. 72. — Chanvre femelle.

399. Quelle est l'utilité du chanvre ? quels sols et quels climats pré-
fère-t-il ?

Il donne une filasse grossière, mais très-solide, et qui sert à
fabriquer des cordes et de grosses toiles. Sa graine, connue sous
le nom de *chènevis,* sert à la nourriture des oiseaux ; on en extrait aussi de l'huile pour la peinture.

Il vient partout, mais préfère les climats doux et humides. Il
lui faut un sol riche, de consistance moyenne, et parfaitement
ameubli, comme les terrains d'alluvion. Il redoute également
les terres légères et les terres compactes.

400. Y a-t-il un moyen pour l'obtenir plus ou moins fin ?

C'est un principe qui s'applique également à la culture du lin
et à celle du chanvre, que plus on sème clair, plus on obtient

des plantes vigoureuses, avec des fibres fortes, mais grossières ; au contraire, plus on sème dru, plus on obtient des plantes grêles avec des fibres fines.

401. *Comment cultive-t-on le chanvre?*

Dès que les dernières gelées du printemps sont passées, on sème en lignes ; puis à partir du moment où il est levé, on sarcle et on éclaircit avec soin.

402. *Comment récolte-t-on ?*

Si l'on veut la meilleure filasse possible, il faut récolter avant que les pieds femelles soient défleuris et que leurs tiges commencent à jaunir. Mais si l'on veut les graines, la filasse sera moins bonne et moins abondante. On arrachera d'abord les mâles, qui sont mûrs six semaines avant les femelles ; puis les femelles quand les graines commenceront à brunir.

Fig. 73. — Lin.

403. *Quel est le rendement moyen du chanvre par hectare ?*

Un millier de kilos de filasse descend à 800, si l'on veut récolter graine et filasse en même temps, et alors on a de 2 à 300 kilos de graines.

404. *Quelle est l'utilité du lin (fig. 73) ?*

Sa filasse est moins solide, mais beaucoup plus fine que celle du chanvre. Sa graine donne une huile qu'on emploie dans la peinture ; elle sert aussi en médecine. Enfin ses tourteaux sont recherchés par les animaux, et très-estimés comme engrais.

405. *Quels climats et quels sols lui conviennent ?*

Tous les climats de France, et tous les sols, pourvu qu'ils soient assez riches, profondément ameublis, parce que sa racine aime à s'enfoncer, et pourvu qu'ils ne manquent pas absolument de silice.

406. *Comment le cultive-t-on ?*

On le sème avant l'hiver ou au printemps, suivant les variétés, plus ou moins dru selon le but qu'on se propose (de 140 kilos par hectare pour la graine, jusqu'à 250 pour la filasse la plus fine). On le sarcle plusieurs fois, et à la main, et on l'arrache en juin pour la filasse seule ; c'est ce qu'on appelle *lin en doux*; et un mois plus tard pour récolter les graines ; c'est ce qu'on appelle *lin en graine.*

407. Quel est le rendement moyen par hectare ?

450 kilos de filasse et 400 kilos de graine.

§ 3. Plantes tinctoriales (1).

408. Qu'appelle-t-on *plantes tinctoriales*, et quelles sont les principales qu'on cultive en France ?

Les *plantes tinctoriales* sont celles d'où l'on extrait des matières propres à la teinture. On cultive en France, pour cet usage, la garance, la gaude, le safran, le pastel, le carthame, la persicaire, la maurelle, le sumac, etc.; mais la garance seule est cultivée d'une manière assez générale.

409. Parlez-nous de la garance.

La racine de cette plante donne la teinture rouge la plus solide que l'on connaisse ; ses tiges forment un fourrage très-recherché des animaux, et qui peut être comparé à la meilleure luzerne, mais seulement quand on fauche la plante en fleur. Elle s'accommode de tous les climats et aime les terres légères, mais le principe rouge ne se développe bien que dans les sols calcaires. On lui laisse occuper le sol de 18 mois à 3 ans avant de l'arracher. Cette culture peut donner une rente de 5 à 600 fr. par hectare.

410. Ne cultive-t-on pas, en France, encore d'autres plantes industrielles que celles que nous venons de voir ?

Beaucoup d'autres : ainsi l'on cultive le tabac; le houblon, dont les fruits servent à la préparation de la bière; la cardère, dont les têtes hérissées de piquants servent à carder les draps; la chicorée à café, la moutarde; comme arbustes : la vigne, le mûrier, l'olivier, etc. Mais toutes ces cultures sont trop spéciales pour que nous puissions nous y arrêter ici (2).

CHAPITRE XX

DES ASSOLEMENTS (3).

411. Qu'entend-on par *assolement?*

Par ce mot et par ceux de *rotation* et de *cours de récoltes* qui veulent dire à peu près la même chose, on désigne le choix

(1) Voy. Girardin et Dubreuil, t. II, p. 484-520 ; et *Livre de la Ferme,* t. I, p. 389-390.

(2) Complétez cette matière avec le *Livre de la Ferme* et avec l'ouvrage de MM. Girardin et Dubreuil.

(3) Voyez Girardin et Dubreuil, t. II, p. 595-601 ; et *Livre de la Ferme,* t. I, p 163-175

des plantes à cultiver et la détermination de l'ordre dans lequel elles doivent se succéder sur un même terrain.

412. Qu'entend-on par *sole ?*

Lorsqu'un assolement est arrêté, on divise les terres de la ferme en autant de parties égales qu'il y a d'années ou de cultures dans la rotation. Chacun de ces morceaux reçoit le nom de *sole*, et doit porter successivement, dans l'ordre adopté, toutes les plantes qui entrent dans la rotation. On dit : sole de lin, sole de betterave, etc.

413. Quel est l'assolement le plus ordinaire ?

C'est l'assolement triennal ou de trois ans : première année ou première sole, blé d'hiver ; deuxième année, céréale de printemps ; troisième année, jachère soit pure ou morte, soit cultivée.

414. Quel est le but de la jachère pure ?

C'est de laisser reposer la terre quand on ne peut pas l'éviter, et pendant ce temps-là, de la purger de ses mauvaises herbes en les détruisant par plusieurs labours successifs, avant qu'elles ne portent graine.

415. Peut-on se passer de jachère ?

Oui, dans une grande partie de la France on a renoncé à ce système qui privait le cultivateur du produit de sa terre pendant un an sur trois. La jachère n'est maintenue à présent, et n'est réellement utile, que dans les terres fortes, impropres à la culture des racines sarclées, et qui finissent par se salir tellement de mauvaises herbes, que les labours de jachère peuvent seuls venir à bout de les nettoyer.

416. Comment a-t-on remplacé la jachère ?

La *jachère pure, nue* ou *morte*, comme on l'appelait, a été remplacée par ce qu'on a nommé *jachère cultivée*, c'est-à-dire par les prairies artificielles et par les racines sarclées. Chacune de ces cultures a ses avantages particuliers.

Les prairies artificielles sont, comme nous l'avons vu, des récoltes améliorantes, qui tirent de l'atmosphère la plus grande partie de leur nourriture, et qui par leurs débris, leurs racines, laissent plus à la terre qu'elles ne lui ont pris. Mais elles détruisent les mauvaises herbes imparfaitement et seulement parce qu'elles les étouffent en couvrant le sol.

Les racines sarclées, au contraire, épuisent le sol plutôt qu'elles ne l'améliorent, et elles y appellent un surcroît de fumier, dont il est vrai qu'elles favorisent la production. Mais, par suite des sarclages, des binages et des buttages qu'elles exigent et des fouilles qu'il faut faire pour les arracher, elles ont la souveraine vertu d'ameublir et de nettoyer le sol autant que les meilleurs labours de jachère.

417. Comment concilier ces besoins de la terre entre les racines sarclées et les prairies artificielles ?

D'une manière bien simple : en faisant apparaître les unes et les autres à tour de rôle dans l'assolement.

418. Ne suffirait-il pas, pour cela, de remplacer la jachère morte par les prairies artificielles, puis trois ans plus tard par les racines ?

C'est le moyen adopté dans beaucoup de pays, mais il est insuffisant, et ce genre d'assolement triennal doit être repoussé pour plusieurs motifs, dont les principaux sont d'abord qu'il admet deux céréales de suite, ce qui, comme nous l'allons voir, est contraire à toute bonne rotation ; ensuite, qu'il fait verser les blés (V. n° 275) ; enfin, qu'il fournit trop peu à la nourriture des animaux, et que, par conséquent, il ne permet de disposer que de peu de fumier.

419. Quelle quantité proportionnelle de terrain une exploitation rurale doit-elle consacrer à la nourriture des animaux ?

L'expérience a démontré qu'il faut un hectare de terre pour nourrir pendant un an une tête de gros bétail ou dix moutons, qui en sont l'équivalent, et que, pendant ce temps, la bête à cornes ou les dix moutons fournissent une quantité d'engrais égale à la fumure *annuelle* de deux hectares (1). Il résulte de là que la moitié au moins des terres de l'exploitation doit être consacrée à la nourriture des animaux, et qu'à l'assolement triennal, qui n'en consacrait que le tiers, il faut substituer l'*assolement alterne*, ainsi nommé parce qu'il a pour principe d'alterner d'année en année entre les céréales et les récoltes fourragères, entre les cultures épuisantes et les cultures améliorantes, entre celles qui salissent le sol et celles qui le nettoient.

420. Outre la production du fumier, l'alternance n'a-t-elle pas d'autres avantages ?

Elle a celui d'éloigner le plus possible le retour des mêmes cultures sur le même sol. Plus les cultures qui se succèdent diffèrent les unes des autres, plus elles ont chance de réussir. En effet, les plantes n'épuisent pas le sol les unes comme les autres ; elles ne lui enlèvent pas les mêmes éléments, au moins dans la même proportion. Avec l'alternance, pendant que d'autres cultures occupent le sol, la terre a le temps, au moyen des engrais, et aussi par des réactions lentes, de recouvrer les éléments qu'une récolte avait épuisés.

De plus, les plantes de même espèce, ayant leurs racines à la même profondeur, épuisent les mêmes couches du sol. Les

(1) Par la fumure *annuelle* d'un hectare, on n'entend pas la quantité d'engrais qu'on y met d'un seul coup quand on le fume, mais cette quantité divisée par le nombre d'années qu'elle doit durer. Ainsi, si l'on fume un hectare tous les quatre ans à 30,000 kilos de fumier, la fumure annuelle sera de 7,500 kilos.

plantes différentes s'adressent à des couches diverses; elles ont donc plus de chances de trouver une terre nourrissante en venant les unes après les autres qu'en se succédant à elles-mêmes.

Enfin, il est excellent et indispensable de faire succéder des soles qui se balancent pour ainsi dire et se corrigent les unes les autres; après une culture épuisante, une améliorante; après une culture qui salit, une qui nettoie; après une qui tasse la terre, une qui l'ameublit, etc.

421. Donnez un exemple de l'assolement alterne.

En voici un type. Supposez une exploitation de 40 hectares : on la divise en 4 soles de 10 hectares chacune.

La première porte ce que le fermier juge à propos parmi les cultures suivantes : betteraves, pommes de terre, carottes, choux-navets, féveroles, etc.; la condition commune de ces cultures est d'être sarclées, binées et copieusement fumées.

La deuxième porte de l'avoine ou toute autre céréale de printemps;

La troisième, du trèfle, ou des pois, ou de la vesce;

La quatrième, du blé d'hiver.

On a donc 20 hectares en céréales et 20 autres pour nourrir 20 têtes de gros bétail ou leur équivalent, qui fournissent la fumure annuelle des 40 hectares de la ferme sans qu'elle ait besoin d'emprunter d'engrais au dehors.

422. L'assolement alterne n'aurait donc pas d'importance, si l'on pouvait se procurer autrement de l'engrais?

Pour celui qui peut se procurer assez d'engrais, les questions d'assolement n'existent plus. Il fait ce qu'il veut, et peut répéter les mêmes récoltes sur le même sol en lui rendant ce qu'elles lui ont enlevé. Mais ce cas est très-rare; il demande des capitaux considérables et le voisinage d'une grande ville. L'assolement alterne reste donc la meilleure pratique à observer. Cependant, on est bien obligé de le plier aux exigences du climat, du sol, du capital dont on dispose et du marché ouvert aux produits.

423. Quelle est la place des plantes industrielles dans l'assolement alterne?

Comme nous l'avons vu, elles n'en ont pas dans l'assolement alterne pur, puisqu'il a pour but la production du fumier et qu'elles n'en produisent pas. On ne peut donc (V. n° 383) les introduire qu'à la condition d'apporter sur les terres des engrais supplémentaires du dehors, et alors elles remplacent une racine sarclée ou une prairie artificielle, ou se font une place entre celle-ci et la céréale, mais il faut du fumier ou de bons engrais commerciaux.

424. Résumez d'une manière générale les principes qui doivent guider le cultivateur dans le choix de l'assolement qu'il adoptera.

Il y a deux points à considérer : le choix des cultures et leur ordre de succession.

425. Voyons d'abord les règles du choix des cultures.

Il doit être déterminé : 1° par la convenance du sol et du climat pour les cultures qu'on veut entreprendre. A cet égard, il ne faut jamais se contenter d'un à peu près ni s'obstiner à cultiver une plante dans un terrain qui n'est pas fait pour elle. *Ne cultivez sur une terre que ce qui y réussit le mieux.*

2° Par le capital dont on dispose. Ainsi, point de cultures industrielles, si le fermier n'a pas d'argent à avancer pour les engrais supplémentaires.

3° Par l'état du marché. Un fermier prudent ne se lancera pas dans une culture nouvelle, avant d'être sûr qu'il en trouvera le débit si elle réussit. L'état des routes est à considérer, aussi bien que le voisinage d'un chemin de fer ou d'un cours d'eau navigable. Si les charrois sont très-difficiles, il vaut mieux élever du bétail, qui se transporte lui-même, etc.

426. Voyons maintenant les règles de la succession des récoltes.

Nous n'avons qu'à résumer ce que nous avons indiqué plus haut :

1° Intercaler les récoltes épuisantes avec les améliorantes, et ne jamais cultiver deux céréales de suite;

2° Faire revenir assez souvent les récoltes sarclées pour que le sol soit maintenu en bon état et net de mauvaises herbes;

3° Appliquer toujours le fumier à la récolte sarclée, car il contient des graines de mauvaises herbes que les sarclages et les binages détruiront.

4° Éloigner autant que possible les unes des autres les récoltes de même nature. Il en est qui ne doivent revenir sur le même sol que tous les quatre ans ou même à de plus longs intervalles, comme les trèfles, les sainfoins, la luzerne. Cette dernière, occupant le sol plusieurs années, est, avec raison, cultivée le plus souvent en dehors de l'assolement.

5° Ordonner la succession des récoltes de telle façon qu'on ait le temps, après chaque culture, d'effectuer d'une manière complète les travaux préparatoires que la suivante exige, et que la terre reste le moins possible dans l'inaction. Il est bon cependant d'y ménager de temps en temps des jachères d'hiver. De fréquents labours effectués en cette saison sont une préparation excellente, surtout pour les terres argileuses.

CHAPITRE XXI

CONSERVATION DES PRODUITS.

427. Comment conserve-t-on les céréales jusqu'au moment de l'égrenage (1) ?

En grange ou en meule. Les granges doivent permettre la facile circulation des voitures chargées de récoltes ; le sol intérieur doit être bitumé et élevé de 0ᵐ,30 au-dessus du terrain environnant ; les murs doivent être bien crépis et lisses en dedans, pour que les rats et les souris ne puissent gagner la charpente du haut.

428. Préférez-vous les meules aux granges ?

Sans hésiter. Les granges sont une lourde charge pour les propriétaires. Les meules ne coûtent pas plus cher à construire que les granges ne coûtent seulement à entretenir. Et de plus, les gerbes et les fourrages qui reçoivent l'air de tous les côtés, gardent leurs qualités et leur bon goût plus sûrement qu'entre quatre murs.

429. Quelles sont les principales précautions à observer dans la confection des meules ?

On les établit quelquefois tout simplement sur le sol nu, préalablement battu. Cela ne suffit pas : il faut au moins que l'aire soit dressée de manière à favoriser l'écoulement de l'humidité, et même entourée à cet effet d'une rigole circulaire. On établit sur le sol un premier lit de fagots ou de paille de colza, pour préserver les gerbes du contact avec la terre. Mais cela ne suffit pas encore : le contact est trop grand, même indirectement, et les meules restent à la merci de la vermine, des rats et des souris. On les en préserve au moyen d'un châssis de charpente sur lequel on les assoit, et qui pose lui-même sur des pieux, ou des dés de pierre, ou des piliers de fonte, suivant la pratique anglaise. On a soin de coiffer ces supports de cônes de fer-blanc en forme d'entonnoir renversé, qui empêchent les souris de monter (*fig.* 74 et 75).

La plus simple des couvertures pour les meules est une bonne couverture en paille. On a aussi imaginé des couvertures mobiles, descendant à mesure que la meule décroît, et permettant ainsi d'en tirer les gerbes ou le fourrage au fur et à mesure des besoins. Mais leur établissement au moyen de toiles cirées, de perches et de poulies, ne laisse pas d'être un peu compliqué, sans cependant être impraticable.

(1) Voy. Girardin et Dubreuil, t. I, p. 688-696 ; et *Livre de la Ferme*, t. I, p .221.

430. Où convient-il d'établir les meules ?

On les élève souvent sur le champ lui-même, pour éviter le transport. Mais ce n'est qu'un travail reculé, et le plus souvent

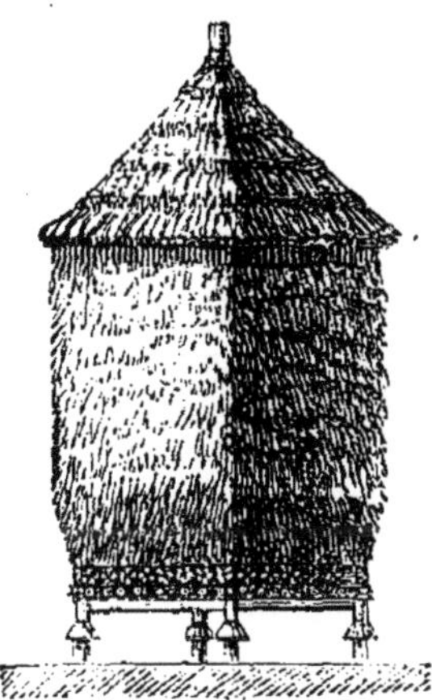

Fig. 74. — Meule perfectionnée.

Fig. 75. — Châssis de la meule perfectionnée.

il vaut mieux les établir le plus près possible du corps de ferme, sous l'œil du maître, qui doit toujours les surveiller.

431. Comment a lieu le battage des céréales (1)?

Le battage des céréales, qui a pour but de séparer le grain de la paille, a lieu, soit à bras d'homme au moyen du fléau, soit par le dépiquage au moyen des pieds des chevaux ou de rouleaux appropriés à cet usage, soit par les machines à battre. Ce dernier procédé est préféré aujourd'hui à tous les autres ; mais les appareils, qui d'ailleurs varient beaucoup, en sont trop compliqués pour que nous les décrivions ici. Disons seulement que la machine à battre présente des avantages incontestables sur tous les autres modes de battage : 1° les épis sont mieux battus ; 2° la surveillance est plus complète de la part du cultivateur ; 3° le battage est plus prompt et permet de disposer plus tôt des produits ; 4° les ouvriers sont affranchis d'un travail dur et pénible ; 5° elle peut remplacer le dépiquage en plein vent avec avantage, car elle est plus prompte et s'installe partout ; 6° enfin les frais de battage sont réduits à très-peu de chose relativement.

432. Comment a lieu le nettoyage des céréales ?

Quand les grains des céréales sont séparés des épis, il faut, avant de les livrer à la consommation, les purger de la menue

<hr>

(1) Sur le battage et la conservation des grains, voy. Girardin et Dubreuil, t. I, p. 696-730 ; et *Livre de la Ferme*, t. I, p. 224-233.

paille, des balles, des graines étrangères, etc. On obtient ce résultat par le vannage et le criblage.

On s'est d'abord servi du *van*, instrument en osier ; mais aujourd'hui la plus petite ferme possède un *tarare* (*fig.* 76), ins-

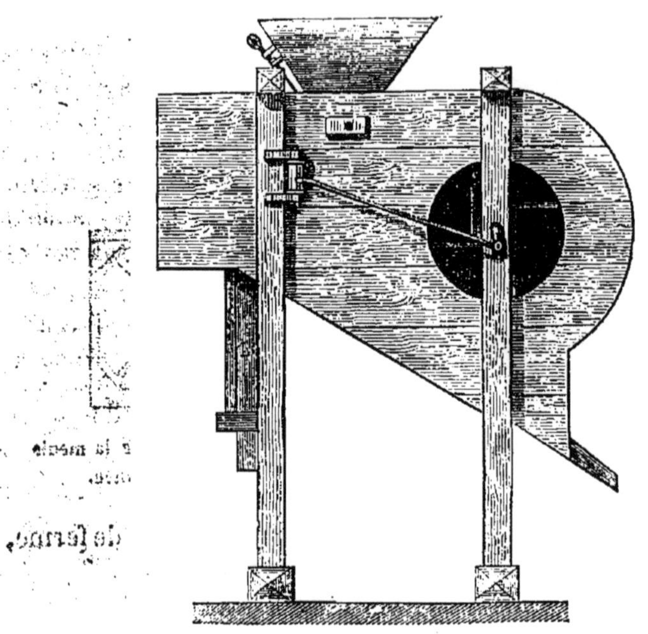

Fig. 76. — Tarare.

trument mécanique très-simple, qui ventile et nettoie les grains beaucoup plus vite et mieux que le van.

433. Quels sont les moyens employés pour la conservation des grains après le battage et le nettoyage ?

Dès que le grain est battu et nettoyé, on le répand uniformément sur le carreau ou plancher du grenier, en couches plus ou moins épaisses, et on n'a plus qu'à le remuer à la pelle et à le passer de temps en temps au crible ou au tarare.

Le criblage a pour but d'enlever les graines étrangères et les grains de blé maigres, chétifs, mal conformés et attaqués par les insectes.

434. Quelles sont les conditions de la bonne construction des greniers à blé ?

1° L'isolement pour pouvoir ventiler dans tous les sens ; 2° l'éloignement des écuries et des étables, des rivières et des marais, à cause des émanations putrides ou humides ; 3° les murs doivent être revêtus intérieurement d'un ciment hydraulique contre l'humidité ; 4° les fenêtres, plus nombreuses au nord qu'au midi, doivent permettre une circulation d'air froid et sec; 5° elles doivent être garnies d'un treillage métallique assez serré pour s'opposer à l'introduction des animaux nuisibles.

On a soin, avant d'emmagasiner le blé, de bien nettoyer le grenier, les murs surtout, pour chasser les insectes; on met le blé par couches de $0^m,33$. On le passe à la pelle tous les trois ou quatre jours, dans le but d'en arrêter l'échauffement et de détruire une partie des insectes qui l'attaquent.

435. Comment conserve-t-on les foins et les fourrages (1) ?

On peut les mettre en meules, et, quand elles sont bien faites, avec les précautions que nous avons indiquées, ils ne s'y conservent que mieux. Mais il faut qu'ils y soient en vragues et non bottelés.

Dans les granges ou fenils au contraire, on est libre de botteler ou de rentrer en vragues. On bottelle pour les trèfles, les luzernes et les sainfoins, qui perdent facilement leurs feuilles; mais lorsqu'on peut rentrer en vragues on doit le faire de préférence, car le foin tient moins de place, se tasse plus régulièrement et plus fortement, et se conserve mieux.

Pour conserver au foin médiocrement bien récolté, ou avarié, son odeur aromatique, pour l'empêcher de se moisir, de devenir poudreux, pour le rendre plus sain, on le sale avec 1 à 2 kilos de sel pour 100 kilos de foin. Pour le foin rentré humide le salage est une nécessité de conservation. Le sel, d'ailleurs, est toujours bon pour le bétail.

436. Comment conserve-t-on les racines fourragères (2)?

Les racines alimentaires, betteraves, carottes, pommes de terre, etc., servant principalement à la nourriture des animaux pendant l'hiver, il importe de les conserver intactes jusqu'au moment où l'on peut faucher les prairies naturelles ou artificielles.

La grande quantité d'eau de végétation que ces racines contiennent, la promptitude avec laquelle elles pourrissent lorsqu'elles ont été meurtries ou même froissées seulement, la nécessité de les entasser en grandes masses, et la chaleur qui s'y développe, sont autant de circonstances contre lesquelles il faut se prémunir.

Les conditions à remplir pour conserver les racines saines pendant plusieurs mois, sont : de les abriter de la gelée, de les garantir de la chaleur et de l'humidité, de les préserver de la lumière. On satisfait à ces conditions par les procédés suivants :

Conservation en fosses ou silos à ciel découvert. Dans un terrain

(1) Voy. Girardin et Dubreuil, t. II, p. 374-390 ; et *Livre de la Ferme*, t. I, p. 353.
(2) Voy. Girardin et Dubreuil, t. II, p. 158-168 ; et *Livre de la Ferme*, t. I, p. 280.

sec, on creuse une fosse de 1ᵐ,50 de largeur sur 0ᵐ,30 environ de profondeur, et de la longueur que l'on veut. On amoncelle les racines dans cette fosse à 0ᵐ,80 ou 1 mètre de hauteur au-dessus du niveau du sol, en donnant aux deux côtés une pente plus ou moins prononcée suivant la hauteur du silo. On recouvre les racines avec de la paille ou des feuilles sèches, par-dessus lesquelles on met la terre tirée de la fosse. On creuse autour de celle-ci une rigole plus profonde que la fosse, pour l'écoulement des eaux. Enfin on ménage de distance en distance des ouvertures ou soupiraux que l'on bouche pendant les grandes gelées avec de la paille, et qui permettent de surveiller et d'établir des courants d'air lorsque la masse s'échauffe (*fig.* 77).

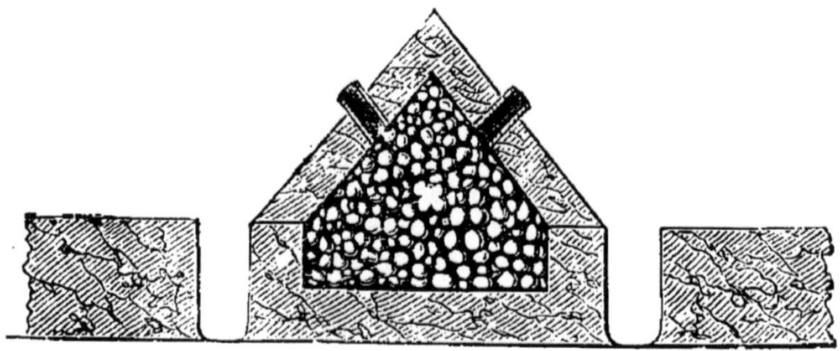

Fig. 77. — Silo à racines de Mathieu de Dombasle.

Conservation en silos à ciel couvert. Lorsqu'on possède, près de la ferme, une portion de terre saine et en butte, on y creuse des silos dont l'ouverture est soutenue par une maçonnerie, et dans le fond desquels on pratique des cheminées qui permettent l'établissement des courants d'air.

Avant de mettre les racines en silo, on a soin de les nettoyer de la terre collée après; de séparer le collet de la racine, car il donnerait naissance à des feuilles au bout de peu de temps, et la racine perdrait alors de ses qualités; de les sécher en les laissant quelque temps sur le sol après l'arrachage; de ne pas les briser ni les meurtrir dans le transport.

Enfin le cultivateur doit visiter souvent ses silos, pour remédier tout de suite à la pourriture qui commencerait à se développer; pour briser les nouvelles pousses; et pour boucher ou pour ouvrir les cheminées qu'on doit ménager dans toute espèce de silos.

CHAPITRE XXII

MALADIES ET PLANTES PARASITES DES VÉGÉTAUX CULTIVÉS (1).

437. Quelles sont les causes qui déterminent les maladies des céréales?

Il y en a de plusieurs ordres : elles peuvent être dues à des phénomènes atmosphériques et aux plantes parasites.

438. Quelles sont les maladies des céréales qui sont causées par les phénomènes atmosphériques ?

Les gelées tardives, les hâles du printemps, la grêle, les pluies continues au moment de la floraison, etc., exercent de grands ravages sur les blés, mais le cultivateur ne peut rien contre ces intempéries. On éprouve, surtout dans le midi de la France, un accident connu sous le nom de *ventaison, blé échaudé, blé retrait,* et qui tient à ce qu'au moment où le grain commençait à mûrir dans l'épi, les brouillards du matin l'ont imbibé de leur humidité; puis le soleil apparaissant ensuite, et l'échauffant tout à coup, l'a gonflé outre mesure à cause de la surabondance de liquides qu'il contenait, et l'a fait crever, de telle sorte que la fécule, encore à l'état laiteux, a coulé au dehors. On se préserve de ce fâcheux accident en promenant le matin sur le champ une corde tendue qui secoue les épis et fait tomber les gouttes de rosée qui s'y étaient suspendues. Ce remède est aussi efficace qu'il est simple et peu dispendieux, mais il est difficile à employer sur une grande échelle.

439. Qu'appelle-t-on *plantes parasites*, et quelles sont les maladies qu'elles causent sur les céréales ?

On nomme *plantes parasites* des plantes qui s'établissent sur d'autres plantes et vivent à leurs dépens. Celles dont il s'agit ici sont d'infiniment petits végétaux dont les organes ne sont visibles qu'au microscope. Les principales maladies qu'elles causent aux céréales sont : la *rouille,* l'*ergot,* le *charbon* et la *carie.*

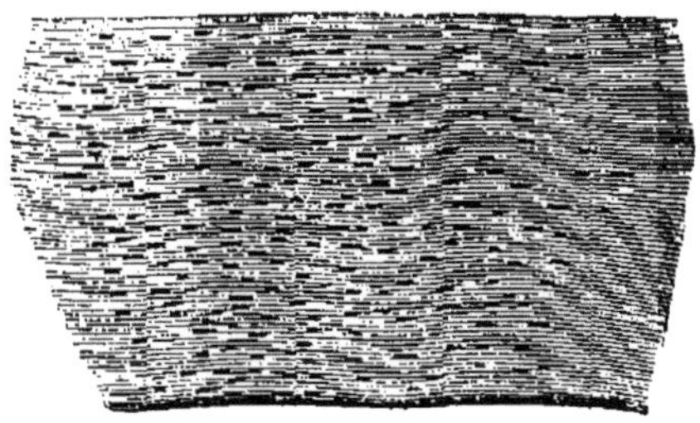

Fig. 78. — Pustules de rouille.

440. Qu'est-ce que la *rouille* des céréales (*fig.* 78) ?

C'est une maladie qui se reconnaît à des taches et à une pous-

(1) Dans Girardin et Dubreuil et dans le *Livre de la Ferme,* les maladies de chaque plante cultivée sont traitées en particulier en parlant de sa culture.

sière jaunâtre très-abondante qui recouvrent la surface des feuilles et de la tige. Si les plantes sont jeunes, la rouille ne leur cause pas grand tort ; mais si elle apparaît après la formation de l'épi, les grains restent légers et rabougris. La paille rouillée a peu de valeur. On ne connaît aucun moyen sûr de combattre cette maladie qui se développe surtout dans les temps humides, à la suite des pluies froides. On a conseillé cependant, avec apparence de raison, de chauler ou de saler les champs attaqués.

441. Qu'est-ce que l'*ergot* (*fig.* 79) ?

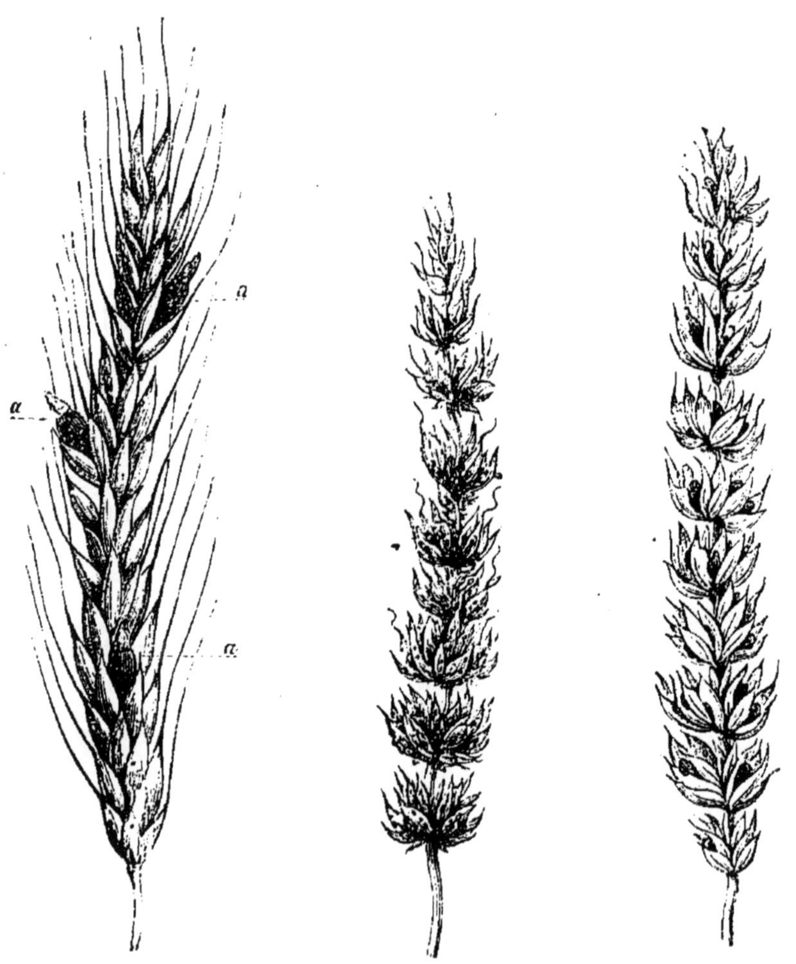

Fig. 79. — Seigle ergoté.   Fig. 80. — Blé charbonné.   Fig. 81. — Blé carié.

C'est une singulière maladie qui attaque toutes les graminées, mais surtout le seigle et le maïs. Une excroissance dure, cassante, noirâtre, se développe sur le grain. Sa ressemblance avec l'ergot d'un coq lui a valu son nom. L'ergot est funeste, non-seulement à cause de la diminution de la récolte qu'il cause, mais encore pour les maladies gangréneuses et mortelles qu'il occasionne à ceux qui le mangent lorsqu'il entre dans le pain. Aussi, si l'on est encore impuissant à le détruire, doit-on au moins le séparer avec soin du seigle et du blé au moyen du tarare, des criblages et des vannages.

442. Qu'est-ce que le *charbon* et la *carie* (*fig.* 80, 81)?

Le *charbon*, ou *nielle des blés*, et la *carie*, ou *cloque*, ou *blé boulé*, etc., sont deux maladies très-semblables qui attaquent les grains sur pied et les réduisent en une poussière noire et fétide, qui heureusement n'est pas trop malsaine, bien qu'elle sente mauvais. Le seul remède est de chauler avec soin les grains de semence. En effet, ces maladies, ainsi que l'ergot, ont pour cause des espèces de champignons dont les germes infiniment petits se glissent dans le sillon qui occupe la longueur des grains de blé ; et on les enlève en chaulant ou en sulfatant.

443. Quel est le meilleur mode de chaulage ?

Il y en a plusieurs qui sont bons, comme le sulfate de cuivre, la chaux, pourvu qu'elle soit mêlée au sel. Le meilleur de tous est celui qu'a indiqué Mathieu de Dombasle, et qui consiste à tremper le grain dans une dissolution de sulfate de soude ou sel de Glauber, et à le saupoudrer ensuite de chaux en poudre. Cette opération a le double avantage de ne pas employer de poisons, et de détruire parfaitement les mauvais germes.

444. Parlez de la maladie des pommes de terre.

C'est une espèce de gangrène ou carie brune et humide dont on ignore également la cause et le remède. Elle a apparu en France pour la première fois en 1845. Heureusement, aujourd'hui elle semble diminuer.

445. A quels signes la reconnaît-on ?

Elle fait invasion dans les mois de juillet et d'août. On s'en aperçoit immédiatement à l'aspect du feuillage qui pâlit, jaunit, se couvre de taches brunes et finit par se dessécher et devenir noir. Les tubercules sont attaqués d'abord par le point où ils tiennent à la racine. Ils brunissent à l'intérieur, se durcissent et finissent par fermenter et pourrir complétement (*fig.* 82).

446. Y a-t-il quelques moyens de préserver les pommes de terre de cette maladie ?

On en a préconisé plusieurs, mais aucun n'a encore réussi d'une façon assez incontestable pour que nous osions le recommander ici. En attendant, la prudence ordonne de cultiver de préférence les espèces précoces, qui se récoltent avant les mois de juillet et d'août, époques de l'invasion du mal ; de planter des tubercules sains, gros et entiers ; les plantes en sont plus vigoureuses, et d'ailleurs le rendement est proportionnel à la grosseur des tubercules qu'on a plantés ; et, enfin, de ne confier les pommes de terre qu'à un sol sablonneux, profond, meuble, perméable et frais sans être humide. C'est dans ces sortes de terrains que la maladie a toujours le moins sévi. On doit conseiller aussi et même recommander de planter en automne.

Fig. 82. — Coupe d'un tubercule de Parmentière, complétement envahi par la maladie.

447. Peut-on tirer quelque parti des pommes de terre malades ?

On peut les employer à la nourriture des animaux, quand elles ne sont pas pourries ; mais à la condition de les faire cuire et de les saler. On peut aussi, une fois cuites, les faire sécher au four, et alors elles se conservent indéfiniment. Enfin, pour tirer parti des tubercules pourris, on les écrase, on les lave à grande eau, on les presse fortement dans des sacs de toile, et l'on obtient ainsi un gâteau qui se conserve très-longtemps exempt d'odeur, et peut être donné aux animaux comme des tourteaux. On peut aussi en tirer la fécule.

418. Quelles sont les principales maladies du trèfle ?

Les gelées tardives faisant gonfler les terres calcaires, déchaussent et déracinent le trèfle qui alors dépérit. On y porte remède en roulant, ou en faisant pâturer par les moutons, qui tassent le sol. Les étés brûlants et précoces peuvent saisir le trèfle avant qu'il ait pris son plein développement, et le maintenir si bas et si chétif qu'il n'offre pas de prise à la faux. Quand on agit sur un sol où on peut prévoir cet accident, on s'en préserve en semant plus dru, afin de couvrir le sol et de lui conserver un peu d'humidité.

449. Quelles sont les principales maladies de la luzerne ?

Son plus dangereux ennemi est un champignon souterrain nommé *rhizoctone*, apparaissant sous forme de filaments rougeâtres qui enveloppent les racines et les font périr. Le seul remède est d'isoler par des tranchées les places attaquées ; et quelquefois même il faut défricher la luzernière elle-même.

450. Qu'est-ce que la cuscute ?

La cuscute, ou *rasque, tignasse, barbe-de-moine,* etc., est une plante filamenteuse qui se reconnaîtra parfaitement à l'aide de la figure que nous en donnons ici (*fig.* 83), et qui vient en para-

site sur les trèfles, les luzernes et les chanvres. Elle les épuise
et ne tarde pas à les faire périr. Le meilleur moyen de s'en préserver est d'éviter de fumer les cultures de trèfle, de luzerne

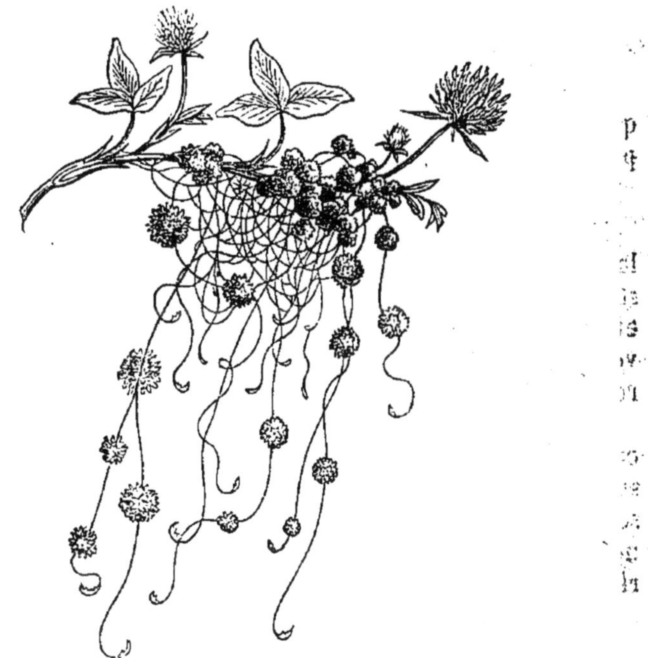

Fig. 83. — Cuscute d'Europe.

ou de chanvre, avec des fumiers provenant de fourrages qui en
aient été infestés, de peur de propager les graines ; on doit aussi
cribler et nettoyer avec soin les graines de semences. Enfin,
quand le mal est grand, on n'hésite pas à brûler les places attaquées.

L'arrosement des places infestées avec une dissolution de sulfate de fer (12 kilos par hectolitre d'eau) est héroïque, mais il
faut l'employer avec précaution.

451. Qu'est-ce que l'orobanche ?

C'est une plante parasite, sans feuilles, reconnaissable à sa
couleur jaunâtre qui devient brune et même noire en vieillis-
sant, et à son faux air de jeune asperge. Elle vit aux dépens des
racines des trèfles et des chanvres qu'elle épuise. Il faut la couper à ras de terre dès qu'elle paraît, pour l'empêcher de porter
graine.

CHAPITRE XXIII

ANIMAUX NUISIBLES, LEUR DESTRUCTION, LEURS ENNEMIS (1).

452. Parlez-nous des animaux nuisibles à l'agriculture.

Le nombre en est grand ; il faut nous restreindre à dire quelques mots de ceux qui nuisent directement aux cultures et aux produits récoltés.

453. Parlez-nous donc des principaux animaux nuisibles aux cultures.

Nous citerons simplement les *limaces* ; les *hannetons* et leurs larves, qu'on appelle *mans* ou *vers blancs* ; les *taupins*, autres insectes bien connus (nommés aussi *maréchaux* dans les campagnes) et leurs larves ; sans compter mille autres espèces d'insectes, de vers, de chenilles, qui attaquent les plantes, coupent les racines, rongent le collet et dévorent l'intérieur des tiges et des épis.

Parmi les animaux supérieurs, les plus dangereux pour les cultures de notre pays sont les rongeurs, *lapins*, *rats* et *souris*, et surtout les *campagnols* ou *mulots*, qui se creusent des galeries souterraines dans les champs, dévorent les semailles, les racines et même les plantes sur pied, et détruisent quelquefois des récoltes entières. En automne ils se retirent dans les meules de blé, où ils font aussi de grands ravages.

454. Y a-t-il des moyens directs de combattre ces animaux ?

Malheureusement ces moyens se réduisent à peu de chose. On préserve jusqu'à un certain point les prairies et les jeunes céréales de l'atteinte des limaces et des larves souterraines, en y faisant passer un rouleau très-lourd qui les écrase et qui tasse

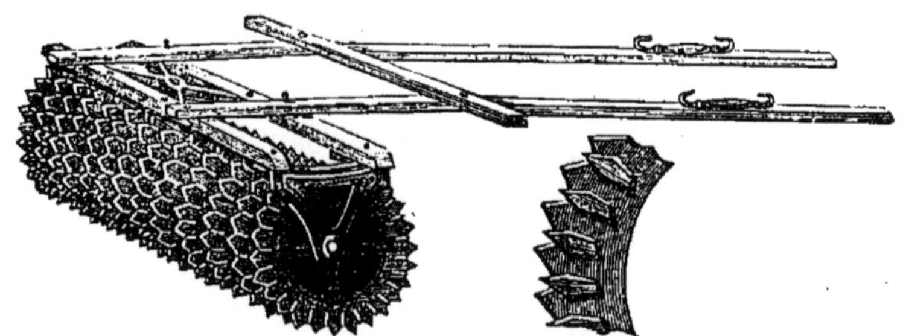

Fig. 84. — Rouleau Crosskill.

la terre. On se sert surtout à cet effet du massif rouleau dentelé dit Crosskill (*fig.* 84).

(1) Voy. le *Livre de la Ferme*, t. II, p. 40-126, où le sujet est traité avec tous ses détails.

Mais ni ce moyen, ni aucun autre moyen direct et sérieux n'est plus praticable quand les plantes ont grandi et sont sur le point d'être récoltées.

Pour les mulots, on a la ressource de les enfumer l'hiver dans leurs trous; mais quand ils pullulent, il est bien difficile d'espérer les détruire jusqu'au dernier. Ils se trouvent souvent noyés dans les dégels rapides après les grandes neiges.

455. Passez aux animaux nuisibles aux grains (1).

Ce sont en première ligne les rats et les souris, contre lesquels on a les moyens de destruction que tout le monde connaît; et en seconde ligne les insectes, dont les principaux parmi ceux qui attaquent les grains sont les charançons, les fausses teignes et les alucites.

456. Parlez-nous du charançon.

Le *charançon* ou *calandre des blés* (*fig.* 85) est un petit insecte gris, aux mouvements lents, qui ra-mène ses pattes sous lui dès qu'il a peur, et prend l'aspect d'une graine. Il pond chacun de ses œufs dans la rainure d'un grain de blé. L'œuf y éclôt, et la petite larve (ver) s'in-troduit dans le grain qu'elle dévore et qu'elle ne quitte qu'après l'avoir vidé. Puis elle se change en insecte parfait, qui vit encore de blé jusqu'à

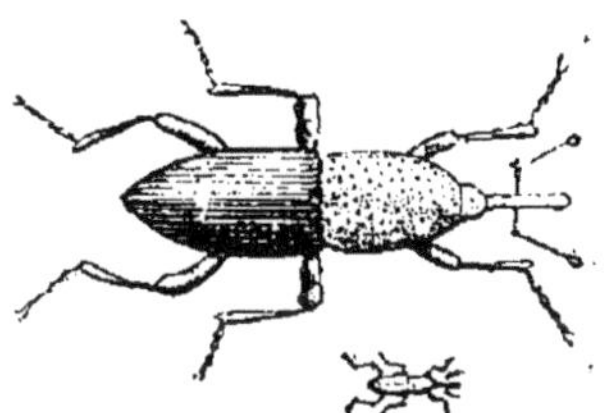

Fig. 85. — Charançon de grandeur naturelle, et grossi.

sa ponte et à sa mort. On a calculé qu'une seule femelle et sa progéniture pouvaient ainsi dévorer, d'avril à septembre, plus de 6,000 grains de blé dans le grenier.

Les manutentions données au grain font fuir ou périr le cha-rançon arrivé à l'état d'insecte parfait, car il recherche le repos, l'obscurité et la chaleur. Un grenier bien éclairé, bien ventilé, des vannages, des criblages, des remuements fréquents à la pelle sont autant de moyens de le détruire ; mais il faut que le bon entretien des murs, des planchers et des plafonds ne lui laisse aucune retraite.

Voici un procédé de destruction économique et qui donne de bons résultats : on place, à côté du tas de blé infecté par les charançons, un petit monticule de grains d'orge (ils préfèrent ce grain à tous les autres) ; on humecte ce petit tas et l'on n'y touche plus. Au contraire, on remue avec la pelle le gros tas : alors les charançons l'abandonnent, et se réfugient dans le petit où on les détruit en versant dessus de l'eau bouillante.

Mais toutes ces pratiques n'atteignent pas les larves du cha-

(1) Voy. Girardin et Dubreuil, t. I, p. 718-730.

rançon qui vivent dans les grains. Le regrettable M. Doyère a inventé pour ce cas des procédés très-sûrs, mais que nous ne pouvons expliquer ici en détail. Au moyen d'un instrument nommé *tue-teignes* il tue les larves par le choc, ou au moyen d'un gaz (le sulfure de carbone) il les asphyxie.

457. Qu'est-ce que la fausse teigne des blés ?

C'est un petit papillon de nuit qui n'attaque le grain que dans

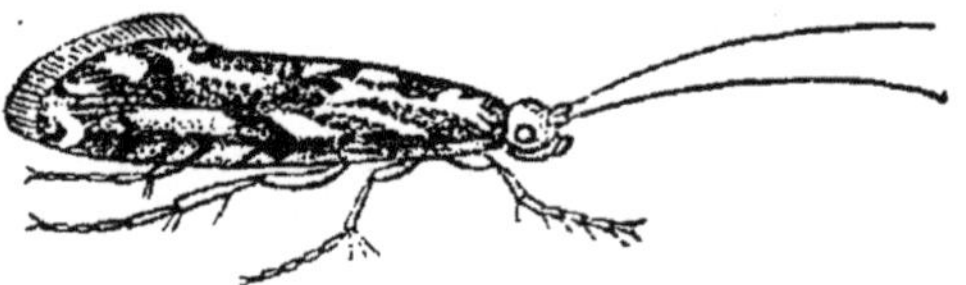

Fig. 86. — Fausse teigne des blés.

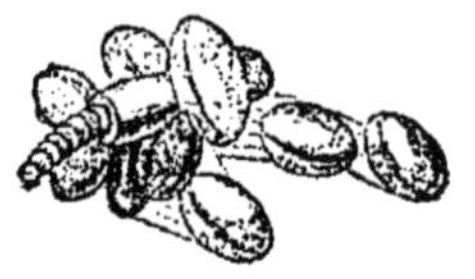

Fig. 87. — Grains réunis par la larve de la fausse teigne.

son état de larve ou de petite chenille. Cette chenille (*fig.* 87) lie entre eux plusieurs grains dans une coque soyeuse ; mais, en remuant le blé à la pelle, les grains se détachent, la chenille est mise à découvert et périt par le frottement. La chenille, pour se transformer en papillon, quitte le grain et monte le long des planches : on dit alors que le ver monte ; pendant cette période, on peut en détruire beaucoup.

M. Doyère a inventé son tue-teignes tout exprès pour la destruction complète de cette chenille.

458. Et l'alucite (*fig.* 88) ?

Elle a beaucoup d'analogie avec la fausse teigne ; mais elle ne lie pas les grains entre eux. Les papillons répandent des œufs sur le grain du grenier, et sur celui qui est encore dans le champ. On ne les détruit qu'imparfaitement en se servant des procédés décrits ci-dessus.

Mais M. Doyère a encore ici parfaitement résolu le problème de la destruction complète. Il tue les larves de l'alucite au moyen du tue-teignes, et détruit les œufs en chauffant les grains dans des appareils particuliers, où la température s'élève assez pour que les œufs périssent sans que les grains perdent leur faculté de germer. Mais cet appareil est encore trop compliqué pour être décrit ici.

459. Ces moyens de combattre les animaux nuisibles suffisent-ils ?
n'y en a-t-il pas d'autres?

Pour les trois espèces d'insectes qui attaquent les grains, les
moyens indiqués, bien que délicats et dispendieux, peuvent conduire, quand on les applique avec soin, à la destruction certaine
et complète des animaux qu'on poursuit. Mais il est bien loin
d'en être de même pour les animaux qui attaquent les récoltes
sur pied. Ceux-là, disséminés dans les champs, cachés sous la
terre, pullulant à l'air libre comme les mouches, défient la
destruction absolue. L'homme peut bien en détruire une partie,
mais il n'arriverait pas même à en limiter utilement le nombre,
s'il n'avait pas à côté de lui des auxiliaires, qu'heureusement il
n'a qu'à laisser faire et à ne pas contrarier.

460. Qui sont donc ces auxiliaires ?

Ce sont les animaux ennemis de la vermine des champs,
grande et petite, des mulots, des souris, des insectes, des limaces
et des vers. Ils leur font une guerre incessante et obligée, car
ils n'ont pas d'autre nourriture.

Le mal est que, le plus souvent, par mauvaise prévention et
par ignorance, l'homme poursuit ces auxiliaires avec beaucoup
plus d'acharnement qu'il n'en met à la chasse de la vermine
qui lui nuit.

461. Énumérez les principaux de ces auxiliaires, en commençant par
les animaux supérieurs, les mammifères ou quadrupèdes.

Parmi les quadrupèdes destructeurs de vermine, les plus
communs de notre pays sont :

Les *hérissons*, qui vivent exclusivement de souris, d'insectes,
de vers, de limaces et de reptiles. Ce sont les plus grands ennemis des vipères.

Les *taupes*, qui ne se nourrissent que de vers et de vermines
souterraines, vers blancs, hannetons, limaces, larves de toute
espèce. Le seul dommage qu'elles causent est de couper quelques racines en creusant leurs galeries, et surtout de bosseler
la surface des champs et des prés par leurs taupinières. Mais ce
dommage est bien peu de chose, et on n'a jamais vu une prairie
perdue par les taupes comme elles le sont si souvent par les
mans. D'ailleurs les taupinières, soigneusement rabattues à l'é-
taupinoir (V. *fig.* 66) ou à la fourche, fournissent une terre fine qui
rechausse les plantes et que les bons cultivateurs savent apprécier.
Mais, quand il y aurait là quelque inconvénient, que serait-il au
prix de cette considération : qu'une taupe ne peut vivre qu'en
consommant de vermine en un an sept cents fois le poids de son
corps ! Jugez par là, ce que le meurtre des taupes fait prospérer
de hannetons. Les taupiers sont d'honnêtes gens qui ne se dou-
tent pas du mal qu'ils font.

Les *musaraignes* ou *musettes*, ou *muserettes*. On les prend à tort pour des souris. Elles en diffèrent, à la simple vue, par leurs oreilles courtes et leur museau allongé. C'est sans aucune raison qu'on croit leur morsure venimeuse. Elles se nourrissent exclusivement d'insectes, de vers, de limaces, et doivent être respectées.

Les *chauves-souris*. Toutes celles de nos pays sont utiles, car seules elles poursuivent, pour s'en nourrir, les insectes qui volent la nuit, papillons nocturnes, hannetons, cousins, moustiques de toute espèce. On les a bien nommées hirondelles de nuit, et elles rendent autant de services que les hirondelles de jour.

Les *belettes* sont les ennemies des rats et des souris, surtout des gros rats d'eau ou surmulots, devant lesquels les chats reculent souvent. Les *putois* eux-mêmes méritent d'être épargnés, quoiqu'ils poursuivent la volaille mal gardée. Comme ils mangent assurément plus de mille souris contre un poulet, il faut savoir, en vue d'un grand avantage, supporter un petit inconvénient, dont on peut d'ailleurs se garer avec des poulaillers bien clos.

462. Énumérez les auxiliaires parmi les oiseaux.

Commençons par les grandes espèces.

Parmi les rapaces de jour : les *buses*, *busards* et *crécerelles*, ne se nourrissent guère que de mulots dans les champs. Tous les rapaces nocturnes : *hiboux*, *chats-huants*, *chouettes*, etc., rendent le même service la nuit dans les granges et les greniers à fourrage. Ils sont plus subtils et plus voraces que les chats. L'horreur qu'on entretient contre eux à cause de leur air et de leurs cris sinistres n'a rien de raisonnable. Il faudrait plutôt les multiplier que les détruire.

Les *corneilles*, surtout le *freux* et les *choucas*, sont les plus grands destructeurs de hannetons que l'on connaisse. Elles font aussi la chasse aux mulots et même aux limaces.

Voilà pour les oiseaux de proie. Maintenant, on peut poser en règle générale, que tous les petits oiseaux méritent d'être ménagés, surtout les mangeurs d'insectes ou *insectivores*, qui détruisent les mouches et les chenilles, dénichent jusqu'aux œufs que les insectes pondent partout, à terre, le long des herbes, des rameaux et du tronc des arbres, etc. Il n'y a pas un oiseau insectivore qui ne nous rende service.

Même parmi les petits oiseaux qui vivent de grains (*granivores*), la plupart nous font encore plus de bien que de mal. Outre les mauvaises herbes dont ils mangent les semences (par exemple, les chardonnerets vivent de graines de chardons), presque tous, à commencer par le moineau tant accusé, ne nourrissent leurs petits que d'insectes.

C'est donc une grande faute à tous égards, que de dénicher sans but et par plaisir les nids des oiseaux comme font les enfants dans le Nord, et de diriger contre tous ces petits êtres une guerre acharnée d'extermination comme celle qui est organisée contre eux dans le Midi. Outre la méchanceté qu'il y développe et le charme qu'il enlève aux campagnes, l'homme se fait ainsi la guerre à lui-même et à ses propres intérêts. La preuve en a été plus d'une fois apportée par les faits. Dans certains domaines, d'où l'on avait réussi à chasser des petits oiseaux qui picoraient des grains et des fruits, on a été obligé d'en ramener tout exprès, car on ne récoltait plus rien, et tous les fruits périssaient sous les attaques des insectes et des vers.

463. Les reptiles sont-ils aussi à respecter ?

Tous ceux de nos pays sont inoffensifs et utiles, à l'exception des vipères. Les *couleuvres* mangent souris et mulots. Les *lézards*, les *orvets*, surtout les *crapauds*, mangent les insectes, les fourmis, les œufs et les jeunes des limaces. Les *grenouilles* purgent les étangs des larves de cousins. Il faut donc épargner encore les reptiles, et surmonter le dégoût irréfléchi qu'on a pour leur démarche rampante et pour leur peau froide et visqueuse.

464. En somme, excepté ceux qu'on nomme la vermine, et qui s'attaquent aux plantes cultivées ou à leurs produits, aux animaux que nous élevons, ou enfin à nous-mêmes, excepté ces ennemis déclarés, vous demandez qu'on respecte tous les êtres vivants.

Précisément. A moins que la nécessité de vivre nous-mêmes ne nous force à nous défendre, tous les êtres vivants sont respectables à nos yeux. Leur destruction inconsidérée trouble les harmonies de la nature et nous attire des fléaux que nous ne sommes pas en état de combattre ; car l'homme a de la force contre un lion, mais il ne peut rien contre une armée d'insectes.

On peut citer une preuve frappante à l'appui de notre manière de voir. Les dégâts des rats et des souris, des chenilles, des hannetons et de leurs larves, ne s'exercent que dans les pays très-peuplés. Dans les contrées moins habitées, comme les États-Unis d'Amérique, où l'homme n'a pas encore détruit les animaux chargés de limiter ces espèces malfaisantes, de pareils fléaux sont inconnus (1).

(1) Nous tirons ce fait de l'admirable discours du docteur Gloger, de Berlin, traduit en français sous ce titre : *De la nécessité de protéger les animaux utiles pour prévenir naturellement les dégâts causés par les souris et par les insectes,* 2e édit., Paris, V. Masson, 1863. Nous prions instamment nos lecteurs de s'y reporter.

CHAPITRE XXIV

ÉCONOMIE RURALE, CONSEILS ÉCONOMIQUES (2).

165. Avons-nous parcouru le cercle entier de l'agriculture ?

Il s'en faut de beaucoup. Nous n'avons parlé que de la culturedes végétau x qu'on exploite en plein champ. Pour être complet et embrasser toutes les connaissances nécessaires au cultivateur, il resterait bien des sujets à traiter, notamment à parler des bestiaux, des industries agricoles, et de l'économie rurale en général. Mais chacun de ces objets demanderait un examen à part.

166. Expliquez au moins comment ils se rattachent à l'agriculture, et pour commencer, parlez-nous du bétail.

Il se présente sous deux points de vue dans l'exploitation agricole : on y a des bêtes de travail et des bêtes de rente.

467. Parlez-nous des bêtes de travail.

Elles sont indispensables, pour peu qu'une exploitation ait de développement. Il n'est pas de ferme sans bœufs ou sans chevaux pour la charrue et la charrette.

468. Lesquels doit-on préférer des bœufs ou des chevaux ?

C'est selon les pays et les mœurs des gens qu'on emploie et au milieu desquels on vit. Mais on s'imaginerait à tort que la substitution des chevaux aux bœufs comme bêtes de travail constitue un grand progrès. Il est vrai que le cheval a plus de force et d'activité que le bœuf, et qu'on ne peut pas s'en passer pour les charrois rapides et le labourage des terres fortes. Mais aussi il coûte plus cher à acheter, à harnacher et à nourrir, et quand il est usé on perd tout ; tandis que le bœuf, qui travaille bien aussi quand il est bien conduit, peut toujours, si l'on n'attend pas trop tard, être remis en bon état et vendu pour la boucherie.

469. Et les bêtes de rente ?

Ce sont les vaches laitières, les bœufs d'engrais, les moutons, les porcs, etc. Toutes les exploitations rurales ne sont pas obligées d'élever de ces animaux dans le but principal de faire de la viande ou du lait. Cela dépend du genre de culture que l'état des terres impose, suivant qu'on a ou non des prairies na-

---

(1) Voy. Girardin et Dubreuil, t. II, p. 605 et suiv. ; et *Livre de la Ferme*, t. I p. 1-7, sur les qualités nécessaires au cultivateur et à la fermière ; p. 427 et suiv., pour ce qui concerne les animaux de la ferme ; et pour les industries agricoles, à la suite de chaque culture.

turelles, etc. Cela dépend aussi des débouchés et de l'intérêt qu'on a de produire une chose plutôt qu'une autre.

Mais toute ferme est obligée d'avoir du bétail en quantité suffisante pour faire du fumier, car sans fumier, point de récoltes ; et à moins de circonstances exceptionnelles, comme le voisinage d'une ville, sans bétail point de fumier. C'est ce qu'exprimait Jacques Bujault, quand il disait qu'*une ferme sans bétail est une cloche sans batail* ; et ce qu'exprime aussi le proverbe allemand : *qui a du foin a du pain ;* car avec le foin on nourrit le bétail, et le fumier du bétail fait pousser le blé.

470. Quel doit être, au point de vue de la production du fumier, le rapport entre la quantité du bétail et les terres et cultures de la ferme?

On a calculé que, pour qu'une ferme ait la somme de fumier nécessaire à une bonne exploitation, il faut qu'elle entretienne en moyenne une tête de gros bétail, bœufs, vaches, chevaux, ou dix têtes de moutons, par hectare de culture. Mais cela suppose qu'on ait adopté l'assolement alterne, où la moitié des terres est appliquée exclusivement à faire de la nourriture pour le bétail (V. n° 419). Bien entretenu ainsi, le bœuf qui vit aux dépens d'un hectare fournit du fumier pour en engraisser deux. Mais si l'on n'a pas de quoi subvenir largement à tant de bétail, il vaut mieux en restreindre la quantité, sauf à se pourvoir d'engrais autrement ; car le bétail bien nourri fait seul le bon fumier, et seul aussi profite à son maître. Tout cela revient à ce que nous avons dit en parlant des assolements, et à l'importance des fourrages et des racines, à condition pourtant que la ferme possède du bétail pour les convertir en fumier. C'est le plus mauvais de tous les signes, que de voir un fermier qui vend ses pailles et ses fourrages au lieu de les faire consommer sur sa ferme. A moins de circonstances exceptionnelles, un propriétaire ne doit pas le tolérer, et le cas doit être prévu dans un bail bien fait.

471. Qu'avez-vous maintenant à dire des industries agricoles, et qu'entendez-vous par là?

J'entends des industries qui s'attachent directement aux produits du sol, comme la meunerie, les féculeries, distilleries, sucreries de betteraves, rouissages et teillages de lin, etc. Les grandes exploitations rurales se trouvent bien en général d'en annexer à leurs cultures, et les petites et moyennes exploitations d'en avoir au moins à leur portée. Outre le profit qu'on en peut tirer et le débouché qu'elles offrent aux produits, les industries agricoles ont encore l'avantage de retenir dans les campagnes un certain nombre d'ouvriers, qui y vivent à meilleur marché, plus sainement et plus moralement que dans les villes.

Ces industries les occupent pendant les mortes saisons de l'agriculture, et les lui restituent au temps des travaux pressés, comme les sarclages, la fenaison, la moisson. Le développement de l'industrie dans les campagnes est un des meilleurs moyens d'empêcher que l'agriculture ne manque de bras.

472. Qu'entendez-vous par l'économie rurale ?

On a quelquefois désigné par ce nom l'agriculture elle-même ; mais nous en restreignons le sens à l'agriculture considérée comme une entreprise devant rapporter du profit. C'est là une considération capitale en fait de travaux agricoles. Les cultivateurs ne l'oublient guère, il est vrai ; ils ont toujours bonne envie de gagner. Mais il arrive souvent qu'ils n'en prennent pas les moyens, et qu'ils en négligent les conditions essentielles, telles que celles-ci :

Être aussi instruit que possible dans sa partie, c'est-à-dire posséder la science dont nous avons tâché d'esquisser ici les premiers principes.

Avoir de l'ordre et de l'économie ; bannir le luxe et la vanité, se souvenir que grand train absorbe grand gain ; sans pousser pourtant la parcimonie jusqu'à se refuser aux dépenses utiles. Ainsi c'est une économie mal entendue que de se mal nourrir, et de ne pas se loger et se vêtir sainement, car le premier capital du cultivateur est dans sa force et sa santé. C'est une autre économie aussi mal entendue que de reculer devant l'achat des bons instruments, des bons animaux et des bonnes semences, et en général devant les dépenses productives.

Savoir acheter et vendre ; choisir pour l'un et l'autre les bons moments, en se mettant au courant des mercuriales et en tenant compte des variations de prix probables.

Tout surveiller soi-même ; s'assurer que tous les ordres qu'on donne sont exécutés : être le premier levé et le dernier couché de sa maison ; ne jamais oublier que l'œil du maître est le seul qui voie clair, et que, comme dit le proverbe, le regard de la fermière engraisse le veau.

Bien traiter les ouvriers et les serviteurs ; se posséder toujours quand on leur parle, et croire que, si l'on est injuste à leur égard, si même on ne les rend pas aussi heureux qu'ils peuvent raisonnablement l'espérer, ils sauront bien s'en venger dans leur travail. En se conduisant à leur égard avec une douceur ferme et une exacte justice, un fermier finit toujours par avoir les meilleurs domestiques du pays.

Ne rien entreprendre au-dessus de ses forces, mais plutôt un peu au-dessous ; n'entretenir de bétail qu'autant qu'on en peut bien nourrir ; ne cultiver de terre qu'autant qu'on en peut fumer.

Savoir toujours aujourd'hui ce qu'on fera demain.

Payer comptant : il n'y a que cela qui ne coûte pas cher ; avoir devant soi des avances et un fonds de roulement.

Savoir son compte de tout, argent, bétail, paille, fourrage, grains, etc., et pour cela, tenir sa comptabilité.

CHAPITRE XXV

COMPTABILITÉ AGRICOLE (1).

473. Qu'entend-on par *comptabilité agricole ?*

C'est l'ensemble des écritures qu'un cultivateur soigneux doit tenir pour se rendre compte de ce qu'il fait, de ce qu'il dépense, de ce qu'il perd et de ce qu'il gagne.

474. Quelle est l'utilité de la comptabilité agricole ?

C'est de tenir le cultivateur au courant de l'état de ses affaires, du succès ou de l'insuccès de ses opérations, afin qu'il sache celles qu'il doit continuer, et celles auxquelles il doit renoncer. La mémoire, sans l'écriture, ne peut retenir les détails et les chiffres qui décident de la perte et du gain. Un homme qui n'écrit pas n'a jamais que des idées vagues sur ses affaires ; au contraire, il est juste de dire avec un proverbe hollandais, que *celui qui tient des comptes réguliers ne peut pas se ruiner.*

475. Quel est le meilleur mode de comptabilité agricole ?

Cela dépend des circonstances. Dans les grandes exploitations on tient des livres compliqués qui exigent des hommes spéciaux et occupent tout leur temps. Dans les petites exploitations le fermier tient lui-même ses comptes ; et alors la meilleure méthode est celle qu'il invente lui-même pour son usage, pourvu qu'il n'oublie rien d'essentiel.

476. Quels sont les éléments essentiels de cette comptabilité ?

Ce sont l'*inventaire* et les *comptes courants*.

477. Parlez-nous de l'*inventaire.*

Avant tout, le cultivateur, dès son entrée en ferme, doit procéder à un *inventaire*, c'est-à-dire énumérer et estimer en argent, article par article, tous les objets qui sont consacrés à son exploitation. Cet inventaire doit être renouvelé tous les ans.

478. Quels sont les éléments des *comptes courants ?*

Un *livre-journal*, sur lequel on inscrit tout au fur et à mesure : les travaux, les dépenses, les recettes, les récoltes entrées à la

(1) Voyez Girardin et Dubreuil, t. II, p. 626-630 ; et *Livre de la Ferme*, t. II, p. 987-998.

grange ou au grenier, les récoltes vendues ou consommées, les voitures de fumier portées sur les terres, en un mot, tout ce qui se passe dans la ferme. Un quart d'heure environ à la fin du jour est nécessaire pour toutes ces inscriptions.

Ce journal suffit à lui seul; mais on peut, pour plus de clarté, le dépouiller et le transcrire sur plusieurs registres, tels que :

1° *Un livre de caisse*, enregistrant les recettes et les dépenses en argent;

2° *Un registre des débiteurs et des créanciers*;

3° *Un livre pour les comptes des diverses cultures*; chacune y a son chapitre particulier auquel on porte, en regard l'un de l'autre, ce qu'elle coûte et ce qu'elle rapporte ;

4° *Un registre pour le personnel*; on y inscrit les journées et les salaires des ouvriers, les gages des domestiques, etc. ;

5° *Un livre pour les bestiaux*, comme pour les cultures;

6° Enfin *un livre pour les dépenses du ménage*.

Mais nous le répétons, le *livre-journal* peut, quoique d'une façon moins claire, remplacer à lui seul tous les autres.

479. Sont-ce là toutes les écritures qu'il importe au cultivateur de tenir ?

C'est tout, à la rigueur ; mais un cultivateur très-soigneux ferait bien de consigner sur un cahier à part, chacune à sa date, les notes et les observations que lui suggère le cours de ses travaux, et que la mémoire ne retient pas toujours fidèlement sans aide. Il s'instruirait ainsi par la pratique, apprendrait pour lui-même et pourrait apprendre aux autres ce qu'il faut faire, et ce qu'il importe d'éviter.

TABLE DES MATIÈRES.

FIN DE LA TABLE DES MATIÈRES.

CULTURE DE LA ... [illegible] ...
... [illegible] ... Deuxième édition. 2 vol. grand
... avec ... figures dans le ...

FRUITS A LA TREILLE ... [illegible] ...
1 vol. grand in-8, ...

CULTURE DES GRAINES DE ... [illegible]
TURE DE LA ... [illegible] ...

LES TRAVAUX DE LA ... [illegible]
... [illegible] ... l'agriculture, l'arboriculture ...
... par J. Du ... [illegible] ...
... dans le texte ...

TRAITÉ ÉLÉMENTAIRE D'ARBORICULTURE, par A. ...
honoraire, directeur de l'École ... [illegible] ...
M. A. Du Breuil, professeur d'arboriculture ... [illegible] ...
... par l'État. Troisième édition ... [illegible] ...
1 vol. ... p., avec 255 figures dans le ...

COURS D'ARBORICULTURE, nouvelle édition, publiée en ...
*Principes généraux. — Arbres et arbrisseaux à fruits. —
Arbres et arbrisseaux d'ornement. — Vignoble et ...
cidre.* — Voyez ci-dessous le détail.

PRINCIPES GÉNÉRAUX. — Anatomie végétale, physiologie, ...
engrais, pépinières, par M. A. Du Breuil. 1 vol. in-8, ... figures
dans le texte et une carte coloriée ...

ARBRES ET ARBRISSEAUX A FRUITS DE TABLE, par ...
Breuil. 7e édition, 1 vol. in-18, avec figures intercalées dans ...
et planches gravées ...

ARBRES ET ARBRISSEAUX D'ORNEMENT. Plantation et ...
d'ornement, parcs et jardins, par M. A. Du Breuil. 1 vol. in-8, avec ...
tableaux, plans de jardins et 180 figures ...

LES VIGNOBLES ET LES ARBRES A FRUITS A CIDRE, ...
noyer, le mûrier et autres espèces économiques, par M. ...
5e édition du cours d'arboriculture, 1 vol. in-18, avec ...
figures dans le texte ...

INSTRUCTION ÉLÉMENTAIRE SUR LA CONDUITE DES ...
FRUITIERS. Greffe, — taille, — restauration des arbres ...
épuisés par la vieillesse. — Culture. — Récolte ... conservation des
fruits, par M. A. Du Breuil. 8e édition, 1 vol. in-18, avec ...
... [illegible] ...

LEÇONS DE CHIMIE AGRICOLE, études sur l'atmosphère, ...
engrais, de M. Adolphe Bobierre, directeur et professeur de ...
l'École supérieure des sciences et des lettres de Nantes, ...
laboratoire de chimie agricole de la Loire-Inférieure. Avec une introduction par M. Jules Girard, directeur de l'École ... de
Grand-Jouan. Deuxième édition, entièrement remaniée, ... [illegible] ...
notions sur l'analyse des matières fertilisantes. 1 vol. in-18, ... figures dans le texte et une carte coloriée ...

DES FUMIERS ET AUTRES ENGRAIS ANIMAUX, par L. ...
... directeur honoraire, Directeur de l'école supérieure des sciences ...
Septième édition entièrement revue et considérablement aug-
1 vol. in-12, avec 30 figures ...

SIMPLES NOTIONS SUR L'ACHAT ET L'EMPLOI DES ...
COMMERCIAUX, par M. Bobierre, directeur de l'École ...
de Nantes. Deuxième édition, 1 vol. petit in-18, avec 1 carte ...
couleur et figures dans le texte ...

1116-77. — Corbeil. Typ. et stér. de Crété.

9 782013 676281